Arduino

×

ESP32
專題製作與應用
App Inventor 手機控制篇

陳明熒 著

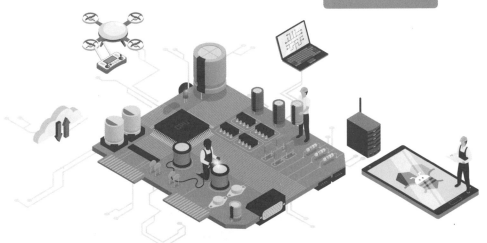

深入淺出	引導玩家以UNO、ESP32結合手機實現聲控、對話	**動手實作**	以RGOO結合C程式碼控制手機做 Android手機語音專題
技術探討	結合紅外線遙控器學習模組，完成分散式控制IOT居家應用	**專題活用**	各項主題可用於專題製作，學生專題製作有方向可循

博碩文化

作　　者：陳明熒
責任編輯：Cathy

董 事 長：曾梓翔
總 編 輯：陳錦輝

出　　版：博碩文化股份有限公司
地　　址：221 新北市汐止區新台五路一段 112 號 10 樓 A 棟
　　　　　電話 (02) 2696-2869　傳真 (02) 2696-2867

發　　行：博碩文化股份有限公司
郵撥帳號：17484299　戶名：博碩文化股份有限公司
博碩網站：http://www.drmaster.com.tw
讀者服務信箱：dr26962869@gmail.com
訂購服務專線：(02) 2696-2869 分機 238、519
（週一至週五 09:30 ～ 12:00；13:30 ～ 17:00）

版　　次：2024 年 5 月初版

建議零售價：新台幣 560 元
I S B N：978-626-333-868-5
律師顧問：鳴權法律事務所 陳曉鳴律師

國家圖書館出版品預行編目資料

Arduino X ESP32 專題製作與應用：App
　Inventor 手機控制篇 / 陳明熒作 . -- 初版 . --
　新北市：博碩文化股份有限公司 , 2024.05
　　面；　公分 .

　ISBN 978-626-333-868-5(平裝)

　CST:
　1. 電腦程式語言 2.CST: 自動控制

312.3　　　　　　　　　　　　113006929

Printed in Taiwan

博碩 粉絲團

歡迎團體訂購，另有優惠，請洽服務專線
(02) 2696-2869 分機 238、519

　　在一次 18 歲高中生升學歷程體驗課程上課中,有位家長問到,如何做一台低成本的聲控機器人,要有聲控功能,於是我想到用 Google 零成本(固定成本)來設計。手機採用多核心的處理器控制,全新手機加上月租費,通常要 2 萬元,比電腦還貴。

　　所以本書目的,讓使用者可以控制它,創造出極大的價值。手機固定成本,怎麼讓它功能應用最大化?例如用舊的 Android 手機,放到遙控車上,就變成遙控機器人控制平台。

　　《ESP32 物聯網-實作入門與應用》一書,已經打開啟動 Google 聲控的人機介面,本書最大特點,引導初學者經由 Arduino/ESP32 C 程式,搭載 App Inventor 易學積木程式設計工具,可以設計聲控應用指令,結合手機聲控、語音合成功能,呈現智慧型控制器應用基礎實驗,建構一較完整的 AI2 連線實驗平台,繼續探索更多手機內部應用資源及功能。因此本次教材朝幾個方向設計:

- 學生專題製作
- 有趣手機連線生活應用
- 17 歲升大學自學歷程課程
- 工程師求職加分代表作
- 工程師職場基本技能
- 物聯網基礎技術

　　在書中含括 Arduino 與 ESP32 C 語言程式碼,及 App Inventor 積木程式檔案,方便老師教學參考,或是輕課程開課使用。學生學會應用 C 程式設計與手機連線控制器,畢業後,可以當韌體工程師,此類職缺薪資較高,下班後 4 小時還可以斜槓當創客。因為教材容易學習、製作及測試,累積這些基礎知識及實作經驗，持續在職場上創造價值。對於學習第二專長的初學者而言，更是容易與職場接軌的自學參考書。

全書專題實作，先睹為快，可以先翻開續頁，參考：

建立 RGOO（遙控 GOOGLE）手機控制平台，自己聲控自己設計

讀者可以 DIY 自己的主題，來真正控制家中想控制的物件，都可以實現，成為一台不會壞的裝置，因為軟體、簡單硬體都是自行設計、製作，開始使用、享受真正程式設計帶來的樂趣及成就感。希望本書能引導想做專題的初學者，輕鬆地以 Arduino 玩出與您心愛手機連線，製作互動精彩專題，那是筆者最大的心願。

網址：vic8051.idv.tw

信箱：avic8051@gmail.com

LINE：avic8051

陳明熒 高雄 偉克多實驗室

目錄 CONTENTS

實作展示

建立 RGOO 應用專題，自己聲控自己設計，舊手機復活計畫

安裝 RGOO 後，如同裝了功能活化器，可以設計很多生活應用，並經由系統提供的資源，以 C 程式來實現，娛樂之餘，學習 C 程式設計技能。

1. 舊手機的常見問題是電池失效，或是電池膨脹影響機構外觀，但是內建功能還都正常。

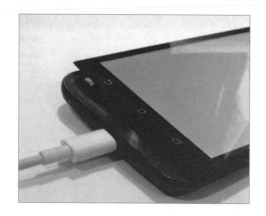

2. 以 App Inventor II 開發手機程式，經由 RGOO 連線，以 C 程式來輕易實現各種多元化應用體驗，只需 Arduino 端設計就可以控制手機動作，無須雙邊 DEBUG。

3. 三步驟讓舊手機活化起來。

STEP **1** 安裝 RGOO 程式，就可以測試、體驗聲控、語音基本功能。

STEP **2** 連結 UNO 標準裝置。

STEP **3** 上傳雲端，準備連線設定。

書中應用實例，超過 18 種以上，多功能應用，只需簡單 C 程式，自己聲控功能自己設計，還可做跨平台應用，提升設計實力。

RG0_DEMO.apk安裝

4. RGOO 可做跨平台應用——目前支援 ESP32、UNO、8051 C 語言控制手機功能，自己聲控自己設計。

5. RGOO 系統安裝在 UNO 板子，與手機連線。

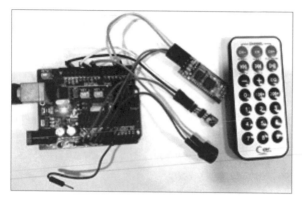 

6. RGOO 系統安裝在 ESP32 板子，與手機連線。

7. 無須連線，可以體驗語音、聲控，說出 --- 指令，系統告知聲控指令。

RG0_DEMO.apk安裝

8. 無須連線，可以體驗語音、聲控，説出「我的夢」，啟動影片播放。

9. 初學者經由——AI2 建構式學習法，輕鬆控制手機，探索出口應用。

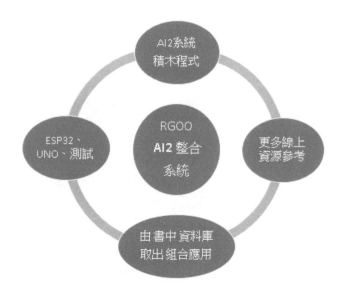

10. 在手機上快速做驗證測試，步驟如下。

STEP ① QR CODE 安裝 MIT AI2 Companion。

STEP ② AI2 啟動連線，準備傳送測試程式。

STEP **3** 手機等待連線，看執行結果。

11. AI2 建構式學習法──探索手機電話撥號。

12. AI2 建構式學習法——探索手機音樂音效。

13. AI2 建構式學習法——探索手機錄音播放。

14. AI2 建構式學習法——探索手機錄製影片。

15. AI2 建構式學習法——探索手機照相。

16. 搭載 RGOO 系統，隨心情而定，隨意播放 KTV 聲控點歌，由自建資料庫中選出，自己聲控自己設計。

17. 搭載 RGOO 系統，隨心情而定，隨意播放特殊音效。還可以聲控啟動，自己聲控自己設計。

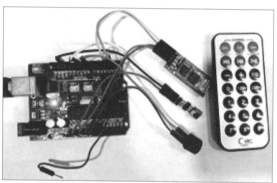

18. 搭載 RGOO 系統，設計 LED 燈飾。還可以聲控啟動，自己聲控自己設計。

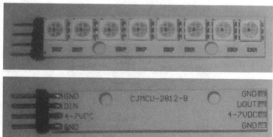

19. 傳統手機遙控車功能,可做聲控實驗,使用 AI2 系統內建的中文聲控功能做實驗,當辨認出結果後,發送信號到系統,實現低成本的聲控遙控車實驗。

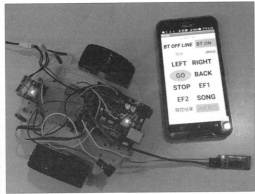

20. 搭載 RGOO,手機遙控車可以使用雙模測試,一種是拿著手機做聲控,做近端聲控。另外一種是將手機放在遙控車上面,用遙控器啟動聲控。

21. 結合手機設計美式彈珠台效果模擬器。

22. 手機可以顯示得分，說出語音，輸出音效。

23. 感知器觸動情境模擬，當球靠近感知器時觸動，可安裝在機台上許多地方。

24. 顯示器直接插入 UNO 板子，方便測試。

25. 紅外線接收模組直接插入 UNO 板子，方便測試。

26. 聲控倒數計時器實作，各種時間設定，含鬧鐘，夜燈。

27. 為什麼小電鍋加熱要倒數計時器？做為定時通知，否則水乾了，便會形成焦黑水垢，有毒易致癌，時間到，要馬上將小電鍋關電，加上本身有過熱保護裝置，雙重保護。

28. 聲控倒數計時器實作——RGOO 連線手機，説出「煮飯」，倒數 20 分鐘。説出「休息一下，倒數 10 分鐘」。

29. 讀稿機實作，程式中設計讀稿機內容。

```
"SAY=1 您好，今天由我遙控 Google 來介紹我自己 ",
"SAY=2 遙控 Google，引擎使用 A I two 來設計 ",
"SAY=3 可程式化設計，支援 e s p 3 2、阿丟若、8 0 5 1 C 語言 ",
```

30. 讀稿機執行畫面，説出內容。

31. 我家遙控器可遙控手機，可輸出遙控器按鍵值語音訊息。

 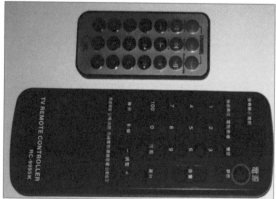

32. 問答教學機器人,問 ESP32 系統相關問題?可先問系統關鍵字為何?系統説出關鍵字,問按鍵程式設計問題,系統提示回答。

33. 傳統手機遙控功能，可做聲控實驗，使用 AI2 系統內建的中文聲控功能做實驗，當辨認出結果後，發送信號到 L51，實現低成本的聲控家電實驗。

34. 利用 RGOO 與 ESP32 連線執行聲控、ESP32 接收聲控傳回結果，控制啟動家電。

35. 遙控 ESP32 手機 LINE 通知，傳送訊息。

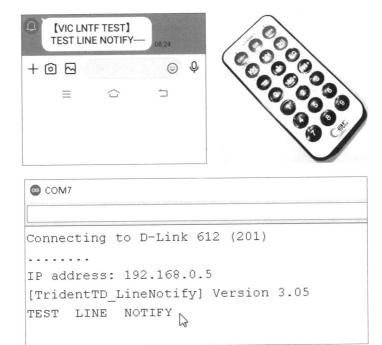

36. ESP32+RGOO，手機 LINE 也可以監控室內溫濕度值監控，或是依需要而做感知器擴充應用。

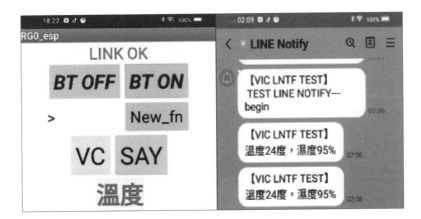

37. RGOO 程式積木解析，測試時可以先用 Arduino C 程式做功能修改、增加，如聲控與語音應答，真的無法實現，再研究修改積木程式。

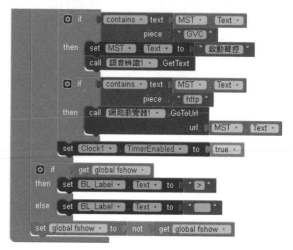

01

CHAPTER

工具安裝及使用

AI2（App Inventor2）工具是設計手機很好用的入門工具，不需要複雜工具，用積木設計程式，就可以作基礎手機程式設計體驗。但是對於大部分的工程師而言，如果已經熟悉 C 語言設計控制器應用，要切入到用 AI2 系統，能不能用自己熟悉的 C 語言，輕易控制手機？使用 RGOO 工具程式就可以實現。

1-1　App Inventor 系統使用

有關手機程式設計是以 App Inventor 2 雲端開發工具完成設計：http://appinventor.mit.edu/。如圖 1-1 所示，引導初學者可以快速認識軟體，進一步使用它來設計自己的手機應用程式。

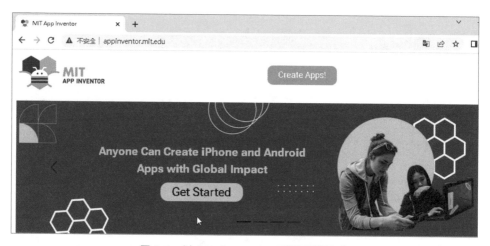

圖 1-1　以 App Inventor II 開發手機程式

第一次使用 AI2 雲端開發工具，操作步驟如下：

STEP 1 網路瀏覽器請用 Chrome。

STEP 2 請先申請一 Google 帳號，登入需要，如 xxxx@gmail.com。

STEP 3 載入書中 BCA5a.aia（手機聲控車）程式。

STEP 4 安裝在手機端。

有了 Google 帳號,先登入,然後進入雲端系統,執行連結:http://ai2.
appinventor.mit.edu。執行 [專案][匯入專案.aia],展示程式檔名為 BCA5a.aia
(手機聲控車),畫面出現,聲控車體驗課程,很多人都玩過,用此案例做說明。

圖 **1-2** AI2 執行畫面

產生 APK 安裝檔直接下載到電腦

執行 [打包 apk][打包 apk 並下載到電腦],
參考圖 1-3,所下載到電腦安裝檔 APK 儲存位置
如下:C:\Documents and Settings\Administrator\ My
Documents\Downloads。圖 1-4 為執行進度,最後所
下載的 APK 檔案出現在視窗的左下角(圖 1-5)。

圖 **1-3** 準備產生執行檔 apk

圖 1-4　準備產生執行檔過程

圖 1-5　下載的 APK 檔案

產生 APK 安裝檔由二維條碼連結

　　執行 [打包 apk][打包 apk 顯示二維條碼]，執行結果出現 APK 二維條碼（圖 1-6，圖 1-7），條碼有效時間 2 小時，必須掃描後直接由手機安裝，超過時間無效。

圖 1-6　準備產生二維條碼

圖 1-7　產生的二維條碼

用手機二維條碼做掃描

　　可用 LINE 的 [加入好友][行動條碼] 二維條碼做掃描（圖 1-8），執行後出現讀取結果（圖 1-9），執行開啟，便可以在手機安裝 APK 檔案作測試。

圖 1-8　用行動條碼去掃描　　　　　　　圖 1-9　手機二維條碼做掃描讀取結果

修改程式並儲存

　　若有修改程式，要儲存檔案，可以執行 [專案] [導出專案]（圖 1-10a），所下載的 .aia 檔案，出現在視窗的左下角（圖 1-10b）。經過以上操作，可以安裝好手機端測試程式，搭載實體小車實作，體驗聲控車的操作樂趣。

圖 1-10a　準備下載 .aia 檔案　　　　　　圖 1-10b　下載的 .aia 檔案

1-2 Arduino 與 ESP32 工具安裝

書中 C 程式都是使用 Arduino 開發環境來完成實驗，若已經熟悉或是做過 Arduino UNO 實驗，可以快速上手，只需安裝新的 ESP32 系統程式庫、安裝開發板下載驅動程式，便可以開始下載程式來做測試。後續章節需要支援的程式庫，到時候再安裝。

未曾使用過的新手，則先要到官網下載基本開發工具。

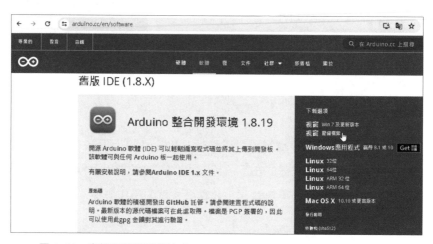

圖 1-11　官網下載軟體網址（https://www.arduino.cc/en/software）

下載 zip 壓縮檔，解壓縮安裝，執行 arduino.exe。常用功能分為 6 區：

- **驗證：**編譯程式，檢查程式是否有語法錯誤。
- **上傳：**上傳程式到控制板來執行。
- **新增：**新增新程式。
- **開啟：**開啟舊程式。
- **儲存：**儲存目前程式。
- **序列埠監控視窗：**電腦監控序列埠資料輸出輸入。

其中序列埠監控視窗一執行，先啟動執行程式，並開啟視窗，用於接收或發送串列介面的資料，用於系統除錯。

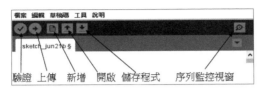

圖 1-12　系統常用功能

再來 3 步驟安裝設定：

■ 設定 ESP32 開發板支援點。

■ 安裝 ESP32 程式庫。

■ 選擇 NodeMCU-32s。

STEP ① 設定安裝 ESP32 開發板支援點

在 Arduino 平台上，設定 ESP32 開發板支援取得來源位址，在檔案 / 偏好設定，額外的開發板管理員網址，加入連結點：https://dl.espressif.com/dl/package_esp32_index.json。

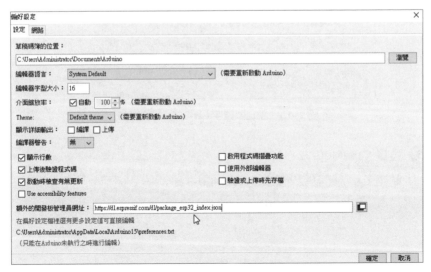

圖 1-13　設定 ESP32 開發板支援取得來源位址

STEP ② 安裝系統 ESP32 程式庫

點選 [工具 / 開發板 / 開發板管理員]，在開發板管理員中輸入 ESP32，
找到 ESP32 套件後，點選安裝。

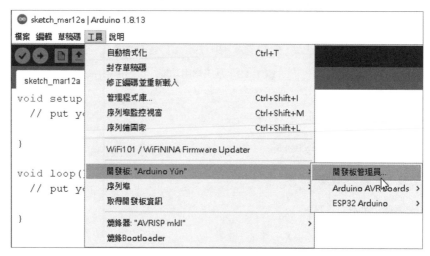

圖 1-14 找到開發板管理員

圖 1-15 設定關鍵字 esp32 相關程式庫

STEP ③ 選擇 NodeMCU-32s

點選工具 / 開發板，選擇 NodeMCU-32s。

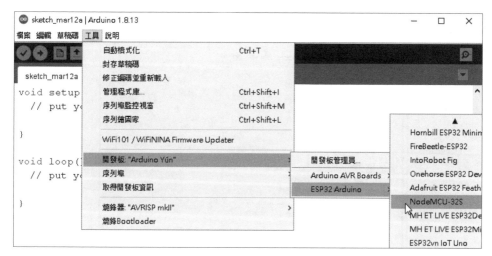

圖 1-16 選擇 NodeMCU-32s

安裝好系統後,測試其編譯功能,產生執行檔來做下載測試。

開啟內建範例程式,來做系統測試,過程如下:

■ 安裝開發板驅動程式。

■ 載入 LED 閃動範例程式。

■ 測試其編譯功能。

■ 下載測試。

STEP 1 安裝開發板驅動程式

台灣 ESP32 模組最容易買到的版本為 NodeMCU-32S,其中 USB 裝置
驅動晶片為 CH340,驅動程式下載點:https://www.wch.cn/download/
CH341SER_EXE.html。

先執行驅動程式,然後再連接 USB。可由裝置管理員中,觀看驅動程式
是否安裝完成,出現 CH340 則表示安裝完成,同時記住此通訊埠位址
COM7,由工具中設定通訊埠 COM7 來下載測試程式。

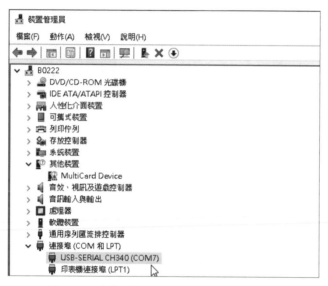

圖 1-17 由裝置管理員觀看驅動程式安裝完成

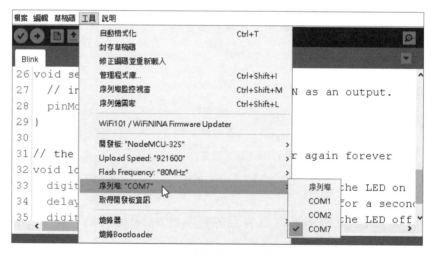

圖 1-18 由工具中設定通訊埠 COM7

STEP **2** 開啟範例程式來做測試

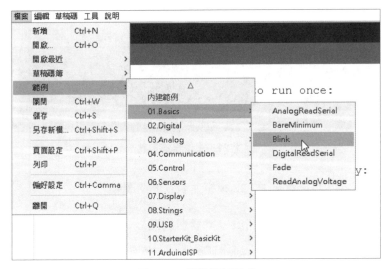

圖 1-19　開啟範例程式

STEP **3** 產生執行檔來做下載測試

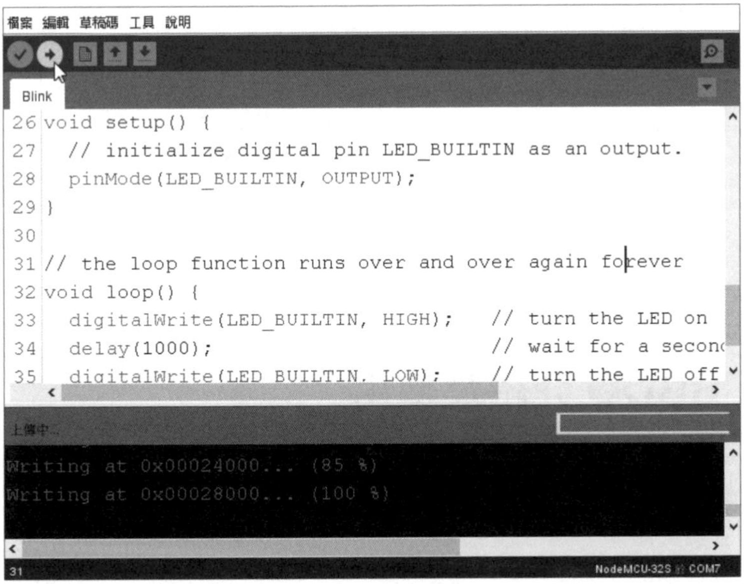

```
檔案 編輯 草稿碼 工具 說明

Blink
26 void setup() {
27   // initialize digital pin LED_BUILTIN as an output.
28   pinMode(LED_BUILTIN, OUTPUT);
29 }
30
31 // the loop function runs over and over again forever
32 void loop() {
33   digitalWrite(LED_BUILTIN, HIGH);   // turn the LED on
34   delay(1000);                       // wait for a second
35   digitalWrite(LED_BUILTIN, LOW);    // turn the LED off

上傳中...

Writing at 0x00024000... (85 %)
Writing at 0x00028000... (100 %)

31                                        NodeMCU-32S 於 COM7
```

圖 1-20　上傳程式中

```
31 // the loop function runs over and over again forever
32 void loop() {
33   digitalWrite(LED_BUILTIN, HIGH);   // turn the LED on
34   delay(1000);                        // wait for a second
35   digitalWrite(LED_BUILTIN, LOW);     // turn the LED off
```

上傳完畢

Leaving...
Hard resetting via RTS pin...

31   NodeMCU-32S 於 COM7

圖 1-21　上傳程式完成

上傳程式後，可以看見 ESP32 模組上 LED 開始閃動。

若要使用 UNO 硬體來做測試，需要切換回 UNO 編譯器，參考圖 1-22，由 ESP32 切換到 UNO，才能順利編譯程式及上傳程式做測試。

圖 1-22　開發工具由 ESP32 切換到 UNO

1-3　RGOO 介紹及使用

AI2 工具是設計手機很好用的入門工具，不需要複雜的 SDK 等工具，就可以作手機程式設計體驗，非常適合國中、高中生，剛開始接觸程式設計體驗課程，探索手機設計應用。

但是對於大部分的工程師而言,如果已經熟悉 C 語言設計控制器應用,剛開始要切入到用 AI2 系統,用積木設計程式還真有點不習慣,需要測試手機及外部單晶片控制器動作,的確不容易。例如要想使用語音互動聲控及對答,能不能用自己熟悉的 C 語言,然後輕易控制手機?

於是我們就研究一下,常用的手機應用功能,然後結合語音聲控等一些資源,開發一套簡易的、較標準化的寫法,測試結果達到穩定的效果,系統特點是可以用遙控器來啟動手機一些功能,稱為遙控 GOOGLE(RGOO),主要概念是希望使用手機像是使用家電一樣,例如按下遙控器後,可以播放音樂,或是啟動聲控功能,做類似智慧音箱功能實驗。

主要特點如下:

- **可以遙控器啟動 Android 手機**:經由對應程式控制,可以遙控器啟動 Android 手機動作。
- **容易設計出多元化的應用**:如智慧音箱、聲控點歌應用及書中呈現各式專題應用。
- **降低學習門檻**:直接用外部單晶片 C 語言來控制手機,好學易用。
- **可做跨平台應用**:目前支援 ESP32、UNO、8051 C 語言控制手機功能。

初學者先睹為快

RG0_DEMO.apk安裝

圖 1-23 掃描 QR Code 可安裝

掃描 QR Code 安裝後，就可以測試了。此應用程式無連線功能，但是可以離線測試聲控及說話功能。參考圖 1-24，經由簡單功能，可以測試聲控互動，展示測試如下：

■ 點 [VC]，說出指令，圖 1-25 說出指令，系統告知聲控指令，可以說出這些指令，系統會有回應。

■ 例如圖 1-26 說出幾號，系統告知日期。

■ 例如圖 1-27 說出我的夢，啟動影片播放。

圖 1-24　測試程式執行畫面

圖 1-25　說出指令，系統告知聲控指令

圖 1-26　說幾號，系統告知日期

圖 1-27　說出我的夢，啟動影片播放

連線藍牙後就可以由 Arduino C 程式來控制手機運作。搭載 AI2 系統做積木程式設計。第一次使用需先設定藍牙模組地址，就可連線，可以參考附錄說明。

App Inventor
積木程式快速上手

CHAPTER

對於初學者及大部分的工程師而言，如果已經熟悉 C 語言設計控制器應用，剛開始要切入到用 AI2 系統的積木設計還真有點不習慣。本章將引導初學者快速上手積木使用，經由建構式學習法，由基礎、簡單積木程式開始，逐一建構自己實驗平台。

2-1　建構式學習法

建構式學習法，是一套通用的程式學習方法與技巧，利用外在網路現有資源，根據自己需求、功能、應用，來開始理解、累積、成為自己的知識，熟練後成為一種技術，也適合教學應用。

利用簡單的概念，足以完成很多基礎實驗，探索更多應用。看似簡單的東西，其實背後都不簡單，都是很複雜的系統來做技術性組合。初學者如何快速入門呢？就是利用現有工具，了解基礎原理後，簡單化學習過程，經由引導式、自動化，幫助學習者由基礎開始，然後經由關聯性，找到最後的答案，最後累積起來成為自己應用系統。基本步驟如下：

- 開始建構。
- 認識基礎元件。
- 管理自己自學資料庫。
- 由資料庫取出組合應用。
- 更多線上資源參考。

開始建構目的或是初衷想用此工具完成一個作業、專題或是其他應用；再來認識基礎元件，再複雜的系統都由許多基礎元件組成；測試熟悉後，較特殊的資料可以做成心得筆記，成為自己自學資料庫，以後管理自學資料庫，最後成為自己的設計資源，應用或是維護都很方便。以後要做應用時，由資料庫取出組合再應用，軟體工具有時都會持續更新，可以定時參考網路線上資源來更新自己的自學資料庫。

2-2　認識基礎元件

前面已經介紹過工具安裝及使用，建構式學習法先由認識基礎元件開始，使用哪些元件可以完成實驗，元件該如何放置，可由畫面編排來設定，設定後相關元件會出現在畫面結構圖中。所選擇的元件會出現程式設計區，經由元件積木圖控程式動作的引導，可以知道可用哪些積木資源來完成相關程式設計。這就是關聯性了解及學習，也是重要的理解、經歷過程。

AI2 系統中最常用的到的元件為標籤（Label）與按鈕（Button）：

■ **標籤（Label）元件**：用來顯示文字，可以是一段訊息，執行結果的文字描述或是狀態表示。

■ **按鈕（Button）元件**：用來控制程式執行流程，當按下後，執行一段特定程式。

圖 2-1 是常用基礎元件。進入程式設計區中的內建積木程式中，會提示有哪些功能可以使用，引導使用者來設計功能，參考圖 2-2。

圖 2-1　常用基礎元件

進入程式設計區中的內建積木程式中，會提示有哪些功能可以使用，引導使用者來逐步完成設計功能。

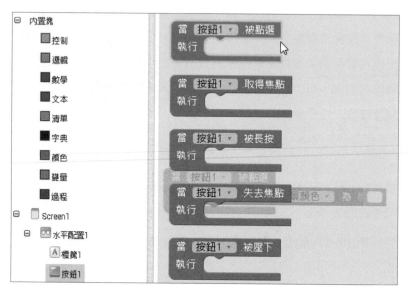

圖 2-2　系統提示按鈕有哪些功能可用

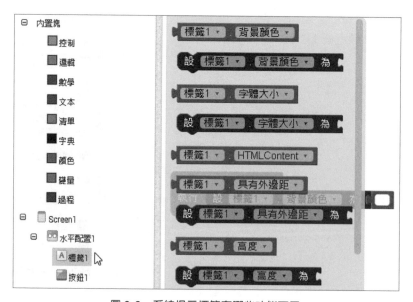

圖 2-3　系統提示標籤有哪些功能可用

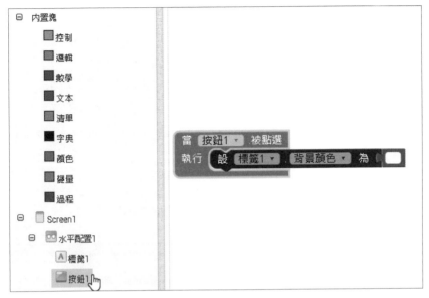

圖 2-4　由系統提示中可以建構完成程式設計

使用者介面端可以做進一步探索，問號後有更多說明，點到按鈕，有許多提示，有助於了解資訊及應用。雲端上有更多按鈕使用參數供參考。移到上方有完整的使用者介面探索入口，可作為使用者線上學習參考。更多初學者使用者指南可參考：https://appinventor.mit.edu/explore/ai2/beginner-videos。

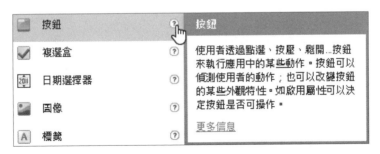

圖 2-5　系統使用者介面——按鈕，有更多提示

圖 2-6　雲端上有更多按鈕使用參數說明

圖 2-7　完整的使用者介面探索入口

圖 2-8　雲端上有完整的初學者探索教學

2-3　開始編輯一支積木程式

利用 AI2 系統可以有效編輯出積木程式，來做手機程式測試。基本步驟如下：

STEP 1　**新增專案**：建立專案名稱。

STEP 2　**畫面配置**：使用那些元件。

STEP 3　**積木程式**：程式設計細節。

先新增專案，參考圖 2-9 開啟新的專案，專案名稱，附屬檔名都是 .aia。展示程式畫面參考圖 2-10。按下對應按鍵，可以切換輸出訊息的背景顏色。

 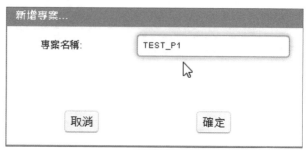

圖 2-9　開啟新的專案

圖 2-10　手機執行畫面

圖 2-11 是系統工作畫面，分為四大部分：

■　**組件面板區**：手機內建支援的元件。

■　**工作面板區**：使用者操作介面設計。

■　**元件區**：手機畫面結構圖。

■　**組件屬性區**：使用元件相關屬性。

圖 2-11 系統工作畫面

畫面配置使用哪些元件

STEP ① 在介面配置區找到水平配置元件，拉到工作區，用來放置按鍵和輸出訊息。

圖 2-12 水平配置元件

STEP 2 在介面區找到標籤元件，拉到工作區，用來放置輸出訊息。

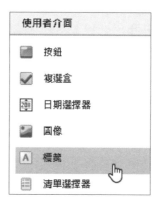

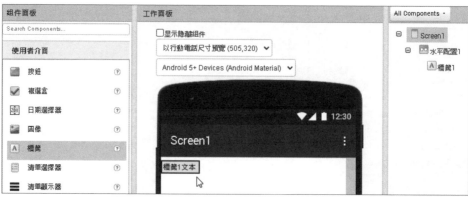

圖 2-13 標籤元件

STEP **3** 點選標題區，設定專案標題有利識別測試功能。

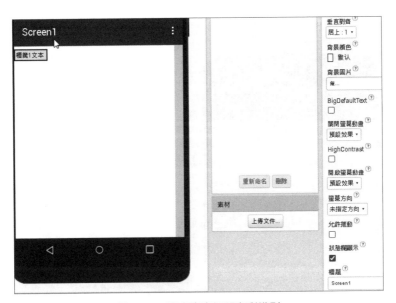

圖 2-14　設定專案標題有利識別

STEP **4** 輸入專案名稱 TEST_P1，畫面立即更新。

圖 2-15　輸入專案標題有利識別　　　　　　　　　　　　　　　　　2-11

STEP 5 點選標籤，設定標籤輸出訊息，輸入文字，如 TEST_P1。

圖 2-16　設定標籤輸出訊息

STEP 6 點選按鈕，設定按鈕文字，輸入文字，如黃色。

圖 2-17　設定按鈕文字

STEP **7** 點選顏色，設定按鈕顏色

圖 2-18　設定按鈕顏色

STEP **8** 將按鈕 1 拉至上方水平配置區，重複按鈕 1 產生步驟，製造出按鈕 2 元件。

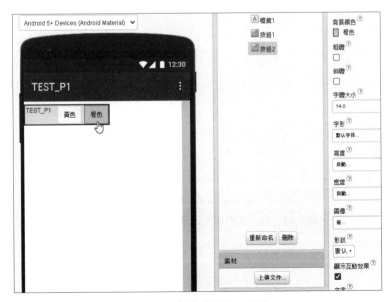

圖 2-19　製造出按鈕 2 元件

積木程式設計

STEP ① 建構了畫面元件後，就可以設計程式功能。點選進入程式設計區。

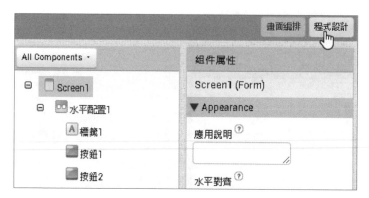

圖 2-20　點選進入程式設計區

STEP ② 在程式設計區中，左邊是我們可使用的資源，主要包含內建積木及所選擇元件，可以使用這些積木設計出程式功能。

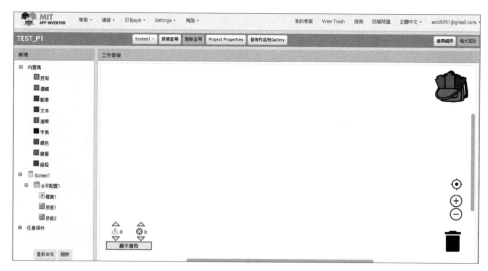

圖 2-21　程式設計區，左邊是我們可使用的資源

STEP **3** 點選按鈕，查看按鈕可用哪些積木。

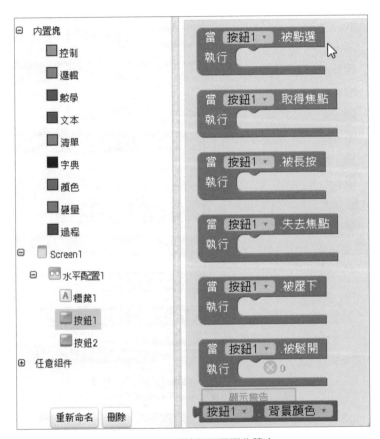

圖 2-22　查看按鈕可用哪些積木

STEP ④ 點選標籤，查看標籤可用哪些積木。

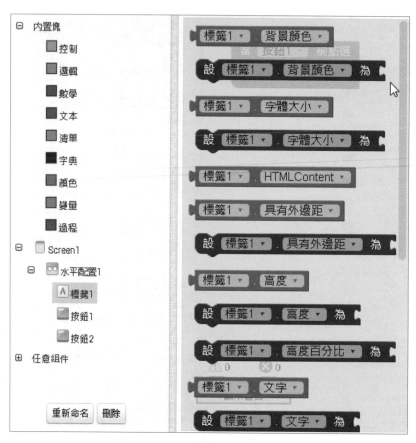

圖 2-23　查看標籤可用哪些積木

STEP **5** 點選顏色，查看顏色可用哪些積木。

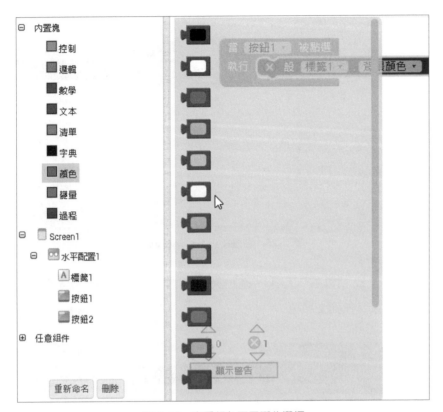

圖 2-24 查看顏色可用哪些選擇

STEP **6** 拉出按鈕 1 積木及標籤 1，設定黃色。

圖 2-25 拉出按鈕積木設定黃色

STEP **7** 點選按鈕 1，複製（按 CTRL+C）按鈕 1 完整功能積木。

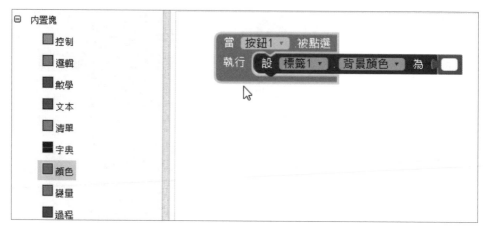

圖 2-26　點選按鈕 1，準備複製

STEP **8** 拷貝（按 CTRL+V）出來，產生拷貝積木，改為按鈕 2，點選按鈕 2 顏色，設定按鈕 2 顏色。

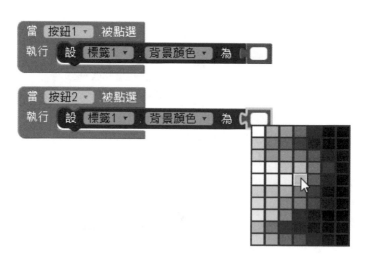

圖 2-27　設定按鈕 2 顏色

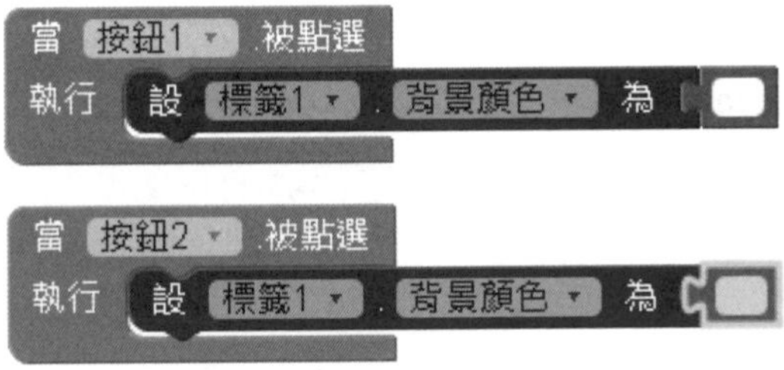

圖 2-28　最後積木程式完成

2-4　透過 AI2 Companion WiFi 連接測試

有了程式碼以後，我們怎麼把它轉到手機，快速做驗證測試呢？可以使用官網連線程式，稱為 MIT AI2 Companion，透過 WiFi 連接您的手機或平板電腦做快速連線測試，以節省時間。步驟如下：

STEP①　QR CODE 安裝 MIT AI2 Companion。

STEP②　AI2 啟動連線，準備傳送測試程式。

STEP③　手機等待連線，看執行結果。

不需要實際連接 USB 線做測試，只要你有 WiFi 工作環境，就可以利用 WiFi 的網內內部連線搞定，不必安裝複雜的程式在電腦上，然後測試後又不會動作。有了雲端工具，就可以很方便的做即時測試。安裝 QR Code 詳細的參考資料及原理可以參考：https://appinventor.mit.edu/explore/ai2/setup-device-wifi。

QR code for the Android version of the MIT App Inventor Companion app

圖 2-29　MIT AI2 Companion 連線工具安裝 QR Code

先啟動連線，AI2 系統出現 QR Code，可將測試程式上傳到手機，用手機掃描可做連線。AI2 Companion 執行 "SCAN QR Code"，等待連線後，就可以直接看到執行結果。點選不同按鍵，可以切換文字訊息背景顏色。

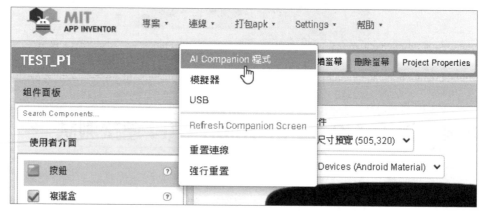

圖 2-30　AI2 系統啟動連線

圖 2-31　AI2 系統出現測試程式連結 QR Code

圖 2-32　手機端連線、測試執行結果

2-5　建構一支完整程式資料

到目前已經介紹完整建構 APK 相關知識，而建構一支完整程式需要以下步驟：

STEP **1**　編輯積木程式。

STEP **2**　利用 WiFi 快速測試。

STEP **3**　測試程式功能。

STEP④ 修改程式功能。

STEP⑤ 產生安裝測試檔 APK。

　　產生安裝測試檔第一章已經談過。我們在乎的是功能執行結果，例如：點選不同按鍵，可以切換文字訊息背景顏色。再來是如何建構一支程式，呈現畫面配置中程式所使用的資源，還有積木程式內容設計，這就是學習的重點，當熟悉操作後，就可以輕鬆設計更多實驗程式。

　　我們學到的知識，可以成為有用資料，整理成資料庫供以後參考、複習，或是教學使用。資料庫包含三大部分：

■ **執行結果**：預期功能效果。

■ **畫面配置**：使用哪些元件。

■ **積木程式**：程式設計細節。

　　後續實驗都可以依此方式做探索或是學習規劃，呈現結果如下參考。

圖 2-33　一支完整程式資料呈現

03

CHAPTER

RGOO 系統設計

如何製作低成本的聲控機器人？要有聲控功能，於是我想到用 Google 零成本（固定成本）來設計。手機採用多核心的處理器控制，全新手機加上月租費，通常要 2 萬元，比電腦還貴。但用舊手機，則可以降低成本來做實驗。所以本章介紹 RGOO 系統設計，讓初學者容易控制它，創造出極大的價值及實驗樂趣。

3-1　RGOO 系統設計及使用

在《Arduino 專題製作與應用——Python 連線控制篇》一書第 17 章中，將筆記型電腦變成機器人，探索 Python 各式程式設計的應用。相同原理，手機就是高速執行的多核心處理器和行動裝置，更適合做相關機器人實驗研究。

RGOO 系統就是設計來開始探索手機內的各種資源應用，手機就是行動裝置，可以是多媒體播放機，可以是通訊裝置，可以下載各式需要的應用程式，可以學習、測試程式設計，進而完成基礎實驗的開端，單晶片連線手機後，就可以將手機變成聲控機器人的程式發展測試平台。

RGOO 系統組成：

- 藍牙介面，單晶片經由藍牙介面與手機連線，建立通訊資料交換。
- 操作介面，例如以遙控器、感應器、啟動手機執行聲控動作。
- 手機內資源存取，例如說出中文語音內容。
- 單晶片應用控制介面，例如家電控制、電源控制。
- 聲控指令：聲控是重要人機介面，可用語音存取、控制手機運作。
- 連線測試、除錯：打開監控視窗，顯示資料交換訊息。

程式設計組成：

- **基礎手機連線積木程式**：RG0.AIA、RG01.AIA。

■ **Arduino C 程式**：URG_XX.INO。

■ **ESP32 C 程式**：ERG_XX.INO。

最基礎、常用功能是 Google 聲控與語音合成，由於它是免費的，因此成為大家通用的開發工具，本書關鍵已經打開啟動 Google 聲控的人機介面了。就看使用者如何整合去做應用，將手機變成聲控機器人用於生活中。

控制步驟如下：

■ 單晶片驅動送出藍牙信號給手機。

■ 手機收到信號後，啟動 Google 聲控。

■ 聲控後說出語音內容。

■ 聲控後可以執行手機上相關應用程式。

■ 聲控後也可以將語音內容字串結果傳回單晶片，做後續應用處理。

■ 使用者可自行定義單晶片端的聲控命令及功能，可用於機電、家電控制。

為方便程式設計實驗，快速驗證功能，手機端的程式設計是以 APP Inventor 來做整合。為了做手機變成聲控機器人後續應用設計，手機主動送出各式命令，單晶片回應命令，提供訊息交換資料。將手機變成聲控機器人，可以在單晶片中，自行設計應用程式，控制 Google 聲控與語音合成功能，實現低成本的說話、對話機器人應用實驗。手機多重命令如下：

C1 命令：手機送出 C1 命令，要求單晶片傳送指令字串

手機處於待機狀態下，可以接收外界控制信號。主動送出 C1（數值 1）命令，單晶片接收後回傳指令字串，手機收到後解讀字串內容，可以說出語音，可能是提示語或是回應聲控內容。單晶片接收後回傳字串，可以有多重選擇設定，由串列監控介面測試內容。可以由使用者設計端做修改，方便各種實驗。就可以遙控手機說出各種語音內容，手機成為應答說話機器人應用。

當手機收到指令字串後進行解碼，取出關鍵字做相關功能執行。目前指令字串中的關鍵字設計如下：

- **SAY**：啟用手機説話功能。
- **GVC**：啟用手機聲控功能。
- **https**：連結網址。

例如，ESP32 指令 `bt.print("SAY=1 您好，這是遙控 GOOGLE");` 送出指令字串，驅動手機説話。

例如，`bt.print("GVC 啟動聲控");` 送出指令字串，驅動手機啟動聲控。

例如，`bt.print("https://www.youtube.com");` 連結 YouTube 網址播放影片。

C2 命令：手機送出 C2 命令，聲控完成，要求單晶片接收聲控內容

手機執行聲控後，可將結果傳送出來。手機主動送出 C2 命令（數值 2），單晶片準備接收字串資料，當作聲控結果。例如：聲控結果為「LED」，手機傳回「LED」字串，單晶片可以自行設計語音回應內容，如説出「LED 閃動」，回傳字串。

```
if(btc==2){
    fans=0;  ans=ur1.readString();// 讀取答案
    Serial.print(">");Serial.println(ans);// 電腦顯示聲控結果
    if (ans.indexOf("LED")>=0) // 聲控結果中有 LED 關鍵字
        {led_bl(); led_bl();led_bl(); fans=1; echo="SAY= LED 閃動    "; }
}// com2
```

可以由手機外部 C 程式端自行設計、定義有效聲控內容及後續如何應用，就可以依使用情境，設計出各種多用途的聲控應用。想要了解 RGOO 手機內詳細控制積木程式解析或是功能修改，可以參考書後章節，有較完整説明。

3-2 Arduino 與手機連線及遙控

第一章說明過離線測試 RGOO 聲控及說話功能，若要以 Arduino UNO 板子與手機連線，則須安裝藍牙模組與手機做通訊。實驗使用 HC06 藍牙模組，圖 3-1 為 UNO 板子與手機連線。

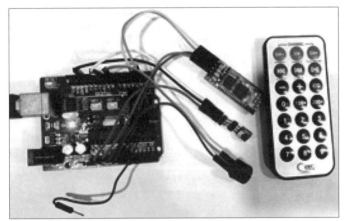

圖 3-1　UNO 板子與手機連線畫面

圖 3-2 是藍牙模組 HC06 照相，可利用杜邦排線連接到單晶片串列介面來做控制。一般市售藍牙模組串列介面腳位如下：

■ **VCC**：5V 輸入。

■ **RXD**：下載程式或通訊的接收腳位，連接單晶片 TXD 發送腳位。

■ **TXD**：下載程式或通訊的發送腳位，連接單晶片 RXD 接收腳位。

■ **GND**：地線。

■ **3.3V**：3.3V 測試電壓輸出，不必使用。

可由杜邦線與實驗板相連接。藍牙模組與 Arduino 實驗板連接如下：

- **RXD**：連至 Arduino TXD D3 發送腳位。

- **TXD**：連至 Arduino RXD D2 接收腳位。

- **GND**：連至 Arduino GND 地線。

- **VCC**：5V 輸入，連至 Arduino 5V 端。

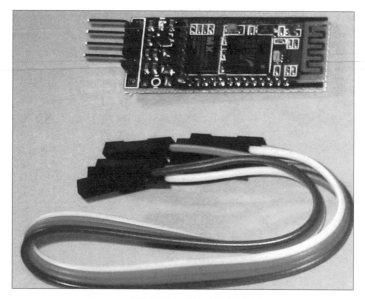

圖 3-2　藍牙模組及排線連接串列介面

　　當藍牙連線後，會說出「連線」，當使用者說出「LED」，UNO 板子上 LED 會閃動，手機說出「LED 閃動」。點選 [SAY] 語音測試，更多應用參考可以點選 [New_fn] 查看更多 RGOO 網路連結資訊。先測試可連線啟動後，再加入遙控功能。

測試功能

■ UNO 驅動送出藍牙信號給手機。

■ 手機收到信號後，啟動 Google 聲控。

■ 聲控後說出語音內容。

■ 聲控後可以執行手機上相關應用程式。

■ 聲控後也可以將語音內容字串結果傳回，做後續應用處理。

■ 連線測試，打開監控視窗測試 UNO/ Google 互動實驗，連線後測試如下：

　● 監控視窗按鍵 1，語音測試。

　● 監控視窗按鍵 8，啟動聲控。

■ 按鍵可以啟動聲控。

■ 說出「LED」，系統 LED 閃動，手機說出「LED 閃動」。

實驗結果

由於 AI2 系統已經取消舊款支援藍牙連線方式，舊款連線可以使用手機系統藍牙連線選單功能，新的實驗需使用固定藍牙地址連線方式，參考附錄說明使用。新的連線實驗程式，可以修改手上藍牙固定地址連線，需上 AI2 系統產生安裝檔，才能有連線功能。ESP32 與手機連線實驗一樣適用。

電路設計

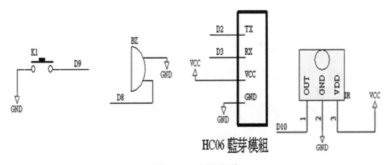

圖 3-3　實驗電路

控制電路分為以下幾部分：

- **按鍵**：測試功能，連到 D9。

- **壓電喇叭**：聲響警示，連到 D8。

- **遙控接收模組**：接收遙控信號，連到 D10。

- **藍牙模組**：連到 Arduino 實驗板與手機建立連線。

當電源加入時，壓電喇叭會發出嗶聲做簡單測試功能。

程式設計

程式架構了解，可以由操作處理情境思考：

- 讀取藍牙手機多重執行命令。

- 處理多重執行命令。

- 系列時序事件程式處理。

- 遙控器信號偵測及解碼。

系列時序事件處理如下：

- Arduino 送出藍牙信號給手機連線。

- 手機連線後，送出要求指令執行。

- 收到聲控信號後，啟動 Google 聲控。

- 聲控後說出語音內容。

- 聲控後執行手機上相關應用程式。

- 聲控後將語音內容字串結果傳回 Arduino。

- Arduino 做後續應用處理。

📟 程式 URG_RC.ino

```
#include <SoftwareSerial.h> // 宣告額外串列介面
SoftwareSerial ur1(2,3); //D2 接收，D3 傳送
#include <rc95a.h> // 引用紅外線遙控器解碼程式庫
// 遙控器解碼值 ------------------
#define D0 22
#define D1 12
#define D2 24
#define D3 94
#define D4 8
#define D5 28
#define D6 90
#define D7 66
#define D8 82
#define D9 74
------------------------
int cir=10; // 設定紅外線遙控器解碼控制腳位
int led=13;//LED 指示
int bz=8;// 壓電喇叭
String ans,echo;// 聲控結果及回應內容
bool fans;// 旗號已取得聲控結果
bool fkey; // 旗號已取得按鍵值
char key; // 按鍵值
char btc; // 接收資料
//==================================
void setup() {// 初始化，送出連線藍牙信號
 ur1.begin(9600);        Serial.begin(9600);
 pinMode(cir, INPUT);
 pinMode(led, OUTPUT); pinMode(bz, OUTPUT);
 be(); led_bl(); Serial.println("Be to link BT!");
}
//---------------------------------------------
void led_bl()//led 閃動
{
int i;
 for(i=0; i<1; i++)
  {
   digitalWrite(led, HIGH); delay(50);
   digitalWrite(led, LOW);  delay(50);
  }
}
//-----------------------------------------------------------
void be()// 嗶一聲
```

```
{
int i;
 for(i=0; i<100; i++)
  {
   digitalWrite(bz, HIGH); delay(1);
   digitalWrite(bz, LOW); delay(1);
  }
 delay(100);
}
//-----------------------------------
void loop()//主程式
{
int i,c;
while(1){
// 掃描是否出現紅外線信號
   no_ir=1;   ir_ins(cir);
   if(no_ir==1) goto loop;
// 發現紅外線信號
   led_bl();    rev();
   for(i=0; i<4; i++)
    { c=(int)com[i]; Serial.print(c); Serial.print(' ');    }
   Serial.println();// delay(100);
   fkey=0;
   if(com[2]==D1) {key=1; fkey=1;be(); led_bl();   }
   if(com[2]==D2) {key=2; fkey=1;be(); led_bl();   }
   if(com[2]==D3) {key=3; fkey=1;be(); led_bl();   }
   if(com[2]==D4 ){key=4; fkey=1;be(); led_bl();   }
   if(com[2]==D5) {key=5; fkey=1;be(); led_bl();   }

   if(com[2]==D6) {key=6; fkey=1;be(); led_bl();   }
   if(com[2]==D7) {key=7; fkey=1;be(); led_bl();   }
   if(com[2]==D8) {key=8; fkey=1;be(); led_bl();   }
   if(com[2]==D9) {key=9; fkey=1;be(); led_bl();   }
   if(com[2]==D0) {key=0; fkey=1;be(); led_bl();   }
loop:
if(ur1.available()) // 藍牙有連線
 {
  btc=ur1.read();// 讀取指令
//=========================================================
  if(btc==1) { // 指令 c1== 輸出語音或是輸出資料
//C1= 説出內容   c2= 聲控讀取答案 echo 回話
//C1=key word=SAY GVC http
   if(fans==1) { ur1.print(echo); fans=0; }
//============================
```

```
  if(fkey==1) {  fkey=0;
    if(key==1){ur1.print("SAY= k1 ");  be();}
    if(key==2){ur1.print("SAY= k2 ");  be();}
    if(key==8){ur1.print("GVC 啟動聲控 ");  be();}
      }// 遙控啟動 ==============
  if ( Serial.available() > 0) {
     c=Serial.read(); led_bl();
     if(c=='1') {ur1.print("pc key1"); led_bl(); }
     if(c=='2') {ur1.print("pc key2"); led_bl(); }
     if(c=='8') {ur1.print("GVC 啟動聲控 "); led_bl(); }
     }// 鍵盤測試 ====
  }//C1 key=====================
if(btc==2){
   fans=0; ans=ur1.readString();// 讀取答案
   Serial.print(">");Serial.println(ans);// 電腦顯示聲控結果
   if (ans.indexOf("LED")>=0) {led_bl(); led_bl();led_bl();
       fans=1; echo="SAY= LED 閃動      "; }
   if (ans.indexOf(" 我的夢 ")>=0)  { delay(1000); /* 等系統説完答案 */
       fans=1; echo="https://www.youtube.com/watch?v=70qyvaQLLZQ"; }
  }//C2 com
}//ur1 BT 傳入
}// while 1
}//loop
```

3-3　ESP32 與手機連線及遙控

　　ESP32 模組有內建 WiFi 無線通訊功能，與手機都有 WiFi 連線功能，可以存取網路資源，在設計上更有彈性，搭載 RGOO 小型開源積木程式，善用手機內部顯示、雲端聲控、語音合成功能可以輕易設計出更多實驗。圖 3-4 為 ESP32 連線手機實作。

　　由於 ESP32 內建藍牙功能，以杜邦線直接連接模組，省下轉接板子，以最簡單硬體來做手機連線實驗，圖 3-5 為 ESP32 連線手機實作。可以先測試連線藍牙後，再加入遙控功能。

圖 3-4　ESP32 實作圖及手機連線畫面

圖 3-5　ESP32 連線手機實作，
不含紅外線接收模組

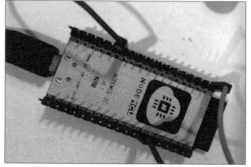

圖 3-6　以杜邦線直接連接 ESP32 模組

電路設計

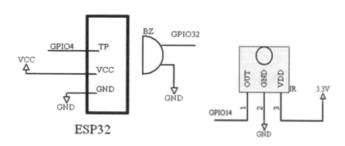

圖 3-7　ESP32 連線手機實驗電路

控制電路分為以下幾部分：

- **LED**：動作指示燈，在 ESP32 模組上，使用 GPIO2。

- **觸控點**：啟動手機聲控功能，使用 GPIO4。

- **壓電喇叭**：連線通知，使用 GPIO32。

- **遙控接收模組**：接收遙控信號，連到 GPIO14。

程式設計

本實驗結合 ESP32（內建藍牙連線）、手機聲控、手機語音合成、觸控、藍牙指令功能，成為一台 ESP32 連線手機聲控裝置。程式設計分為以下幾部分：

- 藍牙連線設計。

- 觸控點啟動手機聲控功能。

- 讀取藍牙手機多重執行指令。

- 處理多重執行命令。

    ESP32 模組有內建藍牙功能，差別的寫法如下：

- Arduino 經由額外串列介面連接藍牙模組。

- ESP32 經由內建藍牙函數與手機做連線。

    ESP32 藍牙連線設計如下：

```
bt.begin("vic BLE1 Key "); // 設定識別碼
Serial.print("RC google link...");
delay(2000);led_bl();// 延遲一下
Serial.println("OK");be(); // 提醒已送出連線信號
```

　　聽到嗶一聲，提醒已送出連線藍牙信號，手機端再點連線，則容易連線成功。無法連線則無法測試功能。

為了讀取藍牙手機多重執行指令，及處理多重執行命令，程式架構設計如下：

```
Loop:
if(bt.available()>0){ // 藍牙有指令傳入
   char btc=bt.read();// 讀取指令
if(btc==1) { // 指令 c1
    if(touchRead(tp)<=10){…….}// 觸控啟動處理
    if ( Serial.available() > 0 {…..}) // 串列介面設定測試命令
   }// 指令 c1
//--------------------------------
if(btc==2) { // 指令 c2
   fans=0; ans=bt.readString();// 讀取答案
   Serial.print(">");Serial.println(ans);// 電腦顯示聲控結果
// 由聲控結果，啟動應用 --------------------
   }// 指令 2
}// 藍牙指令處理

* 觸控點啟動手機聲控功能
if(btc==1) {
    if(touchRead(tp)<=10) // 觸控啟動
     {
      delay(100);
      if(touchRead(tp)<=10){
       digitalWrite(led,1); delay(200);      led_bl();
       bt.write(1); bt.write(8); Serial.print("vc...");}
     }
```

🖥 程式 ERG_RC.ino

```
//ESP32 ERG_RC.ino
#include <BluetoothSerial.h>// 載入藍牙功能
BluetoothSerial bt;// 宣告藍牙物件
#include <rc95a.h> // 引用紅外線遙控器解碼程式庫
// 遙控器解碼值
#define D0 22
#define D1 12
#define D2 24
#define D3 94
#define D4 8
#define D5 28
#define D6 90
#define D7 66
#define D8 82
#define D9 74
```

```
int cir=14; // 設定紅外線遙控器解碼控制腳位
int bu=32;// 壓電喇叭
int led=2;//LED 指示
int tp=4; // 觸控點
String ans,echo; // 聲控結果及回應內容
bool fans;// 旗號已取得聲控結果
char btc;// 接收資料
bool fkey; // 旗號已取得按鍵值
char key; // 按鍵值
//==================================
void setup() {// 初始化，送出連線藍牙信號
Serial.begin(115200);
pinMode(led, OUTPUT);  pinMode(bu, OUTPUT);
pinMode(cir, INPUT);
bt.begin("vic BLE1 Key ");
delay(2000); led_bl();
Serial.println("ESP32 RGOO--Be to link BT!");
be();
}
//---------------------------------------
void led_bl()//led 閃動
{
int i;
 for(i=0; i<1; i++)
  {digitalWrite(led, HIGH); delay(50);
   digitalWrite(led, LOW);  delay(50);  }
}
//----------------------------------
void be()// 嗶一聲
{
int i;
 for(i=0; i<100; i++)
  {digitalWrite(bu, HIGH); delay(1);
   digitalWrite(bu, LOW); delay(1);  } delay(100);
}
//-------------------------------
void loop()// 主程式
{
int i,c;
while(1){
// 掃描是否出現紅外線信號
   no_ir=1;   ir_ins(cir);
   if(no_ir==1) goto loop;
// 發現紅外線信號
   led_bl();   rev();
   for(i=0; i<4; i++)
```

3-15

```
     { c=(int)com[i];  Serial.print(c);  Serial.print(' ');      }
   Serial.println();// delay(100);
   fkey=0;
   if(com[2]==D1) {key=1; fkey=1;be(); led_bl();      }
   if(com[2]==D2) {key=2; fkey=1;be(); led_bl();      }
   if(com[2]==D3) {key=3; fkey=1;be(); led_bl();      }
   if(com[2]==D4 ){key=4; fkey=1;be(); led_bl();      }
   if(com[2]==D5) {key=5; fkey=1;be(); led_bl();      }
   if(com[2]==D6) {key=6; fkey=1;be(); led_bl();      }
   if(com[2]==D7) {key=7; fkey=1;be(); led_bl();      }
   if(com[2]==D8) {key=8; fkey=1;be(); led_bl();      }
   if(com[2]==D9) {key=9; fkey=1;be(); led_bl();      }
   if(com[2]==D0) {key=0; fkey=1;be(); led_bl();      }
//
loop:
if(bt.available())  // 藍牙有指令傳入
 {
  btc=bt.read();// 讀取指令
//==========================
  if(btc==1) { // 指令 c1== 輸出語音
  if(fans==1) { bt.print(echo); fans=0; }
//==========================
  if(fkey==1) { fkey=0;
    if(key==1){bt.print("SAY= k1 "); be();}
    if(key==2){bt.print("SAY= k2 "); be();}
    if(key==8) bt.print("GVC 啟動聲控 ");
       }// 遙控啟動 ===============
  if ( Serial.available() > 0 ) {
      c=Serial.read(); led_bl();
      if(c=='1') bt.print("SAY=1 您好，這是遙控 GOOGLE");
      if(c=='8') bt.print("GVC 啟動聲控 ");            }
// 觸控啟動
  if(touchRead(tp)<=10) {           delay(100);
     if(touchRead(tp)<=10){// 再次確認觸控啟動
       digitalWrite(led,1); delay(200);  led_bl(); // 送出指令啟動聲控
       bt.print("GVC 啟動聲控 ");Serial.print("vc..."); } /* 再次確認觸控啟動 */ }
   }//C1 Xcom=========================
if(btc==2){
   fans=0; ans=bt.readString();// 讀取答案
   Serial.print(">");Serial.println(ans);// 電腦顯示聲控結果
   if (ans.indexOf("LED")>=0) {led_bl(); led_bl();led_bl();
       fans=1; echo="SAY= LED 閃動        "; }
  }//C2 com
}//ur1
}// while 1
}//loop
```

04

探索手機內部
基礎資源

因為手上有 2 台舊的手機，若不能繼續使用真的可惜，於是用來做程式教學教具，或是設計來做可程式化控制器使用，就是很好的應用出口。這樣子硬體可以重複使用，關鍵是需先探索出手機內部基礎資源。如何切入？ AI2 就是很好的應用工具，可以積木工具來控制硬體動作。初學者只要能夠掌控這些資源，就可以開始做可程式化手機應用實驗了。

4-1　電話撥號

手機基礎功能就是電話撥號應用，作為通訊裝置，只是手機電話通話需要收費，現在 LINE 已成很好的免費通訊裝置，而手機用作緊急事件聯絡用。先來探索如何控制電話撥號功能，測試程式為 TTE.AIA。

執行結果

點選按鈕，測試撥號 117，若有撥通電話後，可以聽到電話端傳來聲音。

圖 4-1　手機電話撥號執行結果

畫面配置

在社交應用介面區，選擇電話撥號器，在配置中使用以下元件：

■ 標籤 1 顯示 "117"。

■ 標籤 2 顯示 "TEL NO"。

■ 按鈕 1 執行撥號功能測試。

圖 4-2 電話撥號手機相關資源

積木程式

當按鈕點選後，測試電話撥號功能，撥號電話 117，連接報時台，若電話有順利撥通的話，則會回覆現在時間相關資訊，聽到聲音就知道電話撥號成功了。

電話號碼為撥號參數，可以直接輸入，經由標籤元件顯示出來，也傳入電話撥號器中，進而撥通電話。

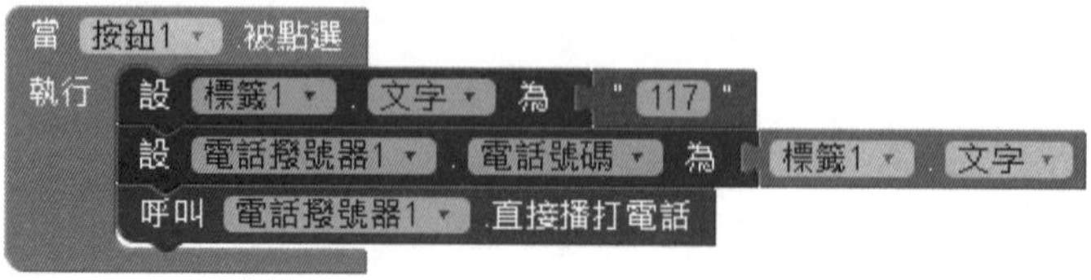

圖 4-3　電話撥號功能積木

4-2　文字轉語音輸出

手機最大應用商機之一是語音辨認技術應用，是說出中文，出現辨認的文字句子，而相反對應的技術是 TTS（Text to Speech）中文轉語音輸出，輸入文字，讓電腦說出中文。本節說明如何使用手機內建文字轉語音功能，來說出中文或是英文語音。測試程式為 TTTS.AIA。

執行結果

執行後出現畫面，按下對應按鍵，可以分別說出中文或是英文語音。

圖 4-4　語音輸出測試畫面

畫面配置

在配置中，使用以下元件：

■　標籤 1 顯示英文文字。

■　標籤 2 顯示中文文字。

- 按鈕 1 說出英文語音。

- 按鈕 2 說出中文語音。

- 文字轉語音元件說出內容。

  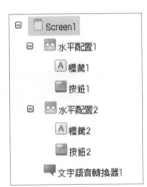

圖 4-5　語音輸出使用資源

積木程式

當按鈕 1 點選後，測試說出英文語音內容。當按鈕 2 點選後，說出中文語音內容，想說出什麼內容，直接在對應的標籤中輸入內容，就可以說出內容。

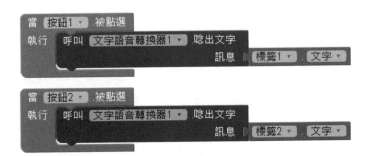

圖 4-6a　語音輸出功能積木

圖 4-6b　對應的標籤中輸入內容，設定語音內容

4-3　聲控測試

　　學 AI2 最令我感興趣的主題是 Google 聲控及說中文，容易實現，有成就感，先做出簡單的學習系統，再持續探索下去。初學者，例如剛好需要應用到聲控，或是說中文技術來做專題，花費最少時間探索，直接套用整合到專題中最快。

　　本節說明如何使用語音辨識元件，執行聲控測試實驗，測試程式為 TVC1. AIA。

執行結果

執行後出現畫面，按説出功能，會講出 " 中文聲控測試 "。執行聲控功能，進行語音辨識。系統執行語音辨識，使用者説出語音，然後説出語音辨識結果。

圖 4-7　執行畫面

畫面配置

在配置中，使用以下元件：

■　標籤 1 顯示訊息。

■　按鈕 1 執行聲控測試。

■　按鈕 2 執行説話測試。

■　語音辨識元件做聲控。

■　文字語音轉換器説出內容。

圖 4-8　手機相關資源

積木程式

當按鈕 1 點選後，執行語音辨識功能。當語音辨識完成後，將辨識結果存入標籤 1 顯示出結果訊息，然後念出文字。當按鈕 2 點選後，也可以說出內容。

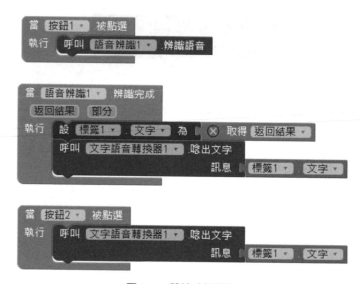

圖 4-9　聲控功能積木

4-4　音樂音效

　　音樂音效一直是多媒體應用、創作中重要元素，拜科技之賜，現在音樂音效 都可以以現場錄音來製作，方便存取與使用，而且各種檔案格式可以互相轉換。 通用檔案格式為 MP3，內容可以是音樂、音效、錄音內容、電子書或是其他應 用。本節使用音樂播放器來播放音樂音效。測試程式為 TMEF.AIA。

執行結果

執行後出現畫面，按下音效功能鍵，啟用音樂播放器來播放內容。按下震動功能 鍵，執行震動測試。按下暫停鍵，則暫停播放，按下停止鍵，則停止播放。

圖 4-10　音效執行畫面

【畫面配置】

在配置中，可以看出使用以下元件：

- 標籤 1 顯示訊息。

- 按鈕 1 執行音效功能測試。

- 按鈕 2 執行震動功能測試。

- 按鈕 3 執行暫停功能。

- 按鈕 4 執行停止功能。

- 音樂播放器播放內容。

- 上傳 DIDO.MP3 音效檔案。

圖 4-11　音樂音效功能使用資源

4-9

積木程式

當按鈕 1 點選後，顯示 MP3 檔案名稱，設定播放器要播放的檔案名稱，開始播放音樂。當按鈕 2 點選後，啟動震動功能，震動 1 秒鐘（1000 毫秒）。當按鈕 3 點選後暫停播放功能，當按鈕 4 點選後，停止播放功能。

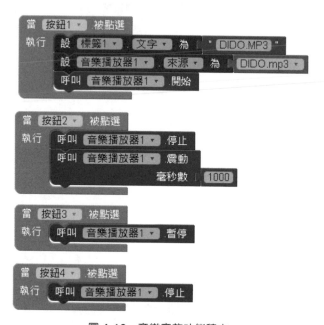

圖 4-12　音樂音效功能積木

4-5　錄音放音

多媒體應用中可以應用錄音放音功能來記錄當時靈感，或是重要的待辦事項，本節說明如何使用錄音元件來錄製聲音，然後使用音效播放器來播放聲音。測試程式為 TRP.AIA。

執行結果

執行後出現畫面，按下錄音功能，啟用內定錄音功能來做錄音，開始錄音。若按下停止鍵，則停止錄音。若錄音完成，存檔為 3GP 檔案格式，同時將檔案儲存路徑顯示出來。若按下播放鍵，則會播放剛剛所錄製的聲音。

圖 4-13　錄音功能畫面

畫面配置

在配置中，使用以下元件：

- 標籤 1 顯示訊息。
- 標籤 2 顯示檔案位置。
- 按鈕 1 執行錄音功能。
- 按鈕 2 停止錄音功能。
- 按鈕 3 執行播放功能。
- 錄音機元件執行錄音動作。
- 音效播放器執行播放動作。

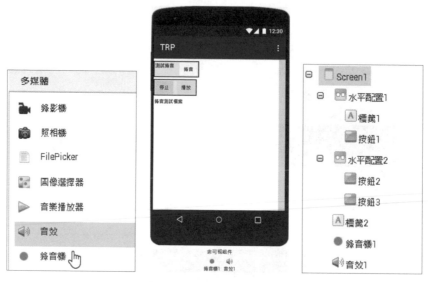

圖 4-14　錄音功能使用資源

[積木程式]

當按鈕 1 點選後，測試錄音功能，開始錄音。當按鈕 2 點選後，停止錄音功能，顯示檔案位置。當按鈕 3 點選後，設定音效播放器音源位置，開始播放所錄製的聲音。

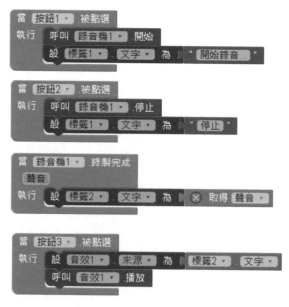

圖 4-15　錄音功能積木程式

4-6　錄影放影

多媒體應用中最常用功能是錄影及放影操作，本節說明如何使用錄影機元件來錄製影片，使用影片播放器來播放影片。測試程式為 TCAM.AIA。

[執行結果]

執行後出現畫面，按下錄影功能，啟用內定錄影功能來錄影，當錄影完成，自動存檔，同時顯示影片檔案的儲存路徑。若按下影片播放器，則會出現影片播放功能，觀看剛錄製的影片。

圖 4-16　錄影功能畫面

書面配置

在配置中，使用以下元件：

- 標籤 1 顯示訊息。

- 標籤 2 顯示檔案位置。

- 按鈕 1 執行錄影功能。

- 按鈕 2 執行播放功能。

- 錄影機元件來執行錄影動作。

- 影片播放器來執行播放動作。

圖 4-17　錄影放影使用資源

積木程式

當按鈕 1 點選後，測試錄影功能，完成錄影功能後取得影片檔案位置，若按鈕 2 點選後，先設定影片來源檔案位置，然後啟動影片播放器來執行播放動作。

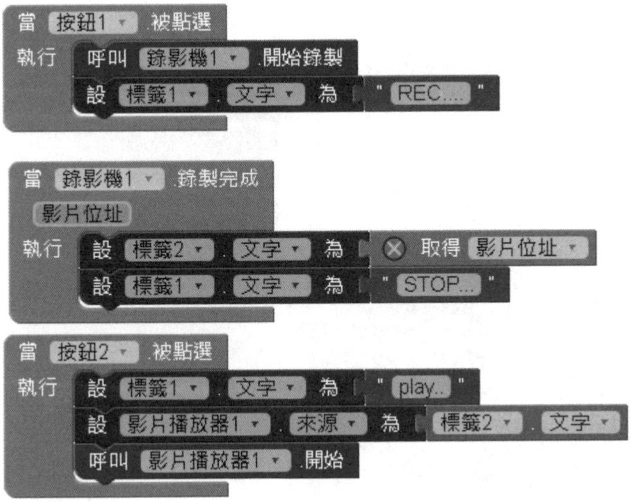

圖 4-18　錄影放影積木程式

4-7　照相測試

拍照是常用的功能，本節將介紹用程式啟動拍照功能，使用照相機元件進行拍照，拍完照以後由相簿中挑選。測試程式為 TPIC.AIA。

執行結果

執行後出現畫面，按下拍照功能，啟用內定拍照功能來拍照，若拍照完成，存檔為 JPG 檔案格式，同時顯示在手機中相片檔案的儲存路徑。若按下圖像選擇器，則會出現相簿選單，以供選擇。

圖 4-19　照相功能畫面

画面配置

在配置中，可以看出使用以下元件：

■　照相機元件用來拍照。

■　標籤 1 顯示訊息。

■　按鈕 1 執行功能測試。

■　圖像選擇器，啟動相簿選單，以供選擇。

圖 4-20　照相功能使用資源

「積木程式」

當按鈕 1 點選後，測試照相功能，完成拍攝功能後取得圖像檔位置，啟動相簿選單，以供選擇顯示出來。

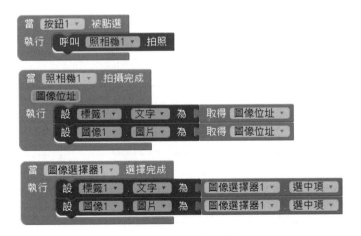

圖 4-21　照相功能積木

Memo

05

居家 Arduino
聲控點歌

學 AI2 最令我感興趣的主題是 Google 聲控及説中文，容易實現，應用最廣。
其中聲控點歌就是居家生活中，最常使用的娛樂裝置。將自己喜歡歌曲、
音樂快速找出播放出來，本章介紹這樣子的實驗裝置，搭載 RGOO 系統實現居
家、客製化 Arduino 聲控點歌。

5-1 設計理念

有個朋友希望我幫忙設計聲控電視廣告牆，即説出關鍵字就可以播放某一段
相關聯的影片，他不想用手機當聲控，因為是戶外營業用機台，又要降低系統複
雜度。於是我想到幾年前設計的聲控點歌系統，幾乎可以跨平台移植到此專案來
做設計。

聲控點歌系統以前是有專屬的點唱機機台來做實驗，但是現在大家都用
YouTube 大量影片當作音樂或是影片播放來源，因此使用手機上網存取網路資
源，進而連結播放出來。設計重點如下：

■ 以 Android 手機聲控功能，辨識出歌曲名稱。

■ 用 Arduino 藍牙連線手機，啟動手機聲控功能。

■ 手機聲控後，回傳歌曲名稱到 Arduino UNO 控制模組。

■ UNO C 程式中過濾歌曲名稱，回傳歌曲名稱網路連結資訊到手機。

■ 手機收到網路連結資訊則啟動點歌。

系統特點

■ 利用手上手機聲控點歌、聽歌、唱歌很方便。

■ 連到 Arduino 系統，由 Arduino 控制端設計聲控歌曲。

■ 可以遙控器啟動手機聲控功能，不需要一直持有手機。

■ 手機就像一台多媒體機器人，接受遙控點歌。

■ 外部裝置由 Arduino 設計，C 程式中，設計我的最愛歌曲資料，享受操作
樂趣。

5-2　系統組成

系統由以下幾部分組成：

■ **Arduino UNO 系統**：設計自己的聲控點歌內容。

■ **Android 手機**：搭載 RGOO 系統。

■ **藍牙裝置**：連結 Arduino UNO 與 Android 手機。

■ **製作我的最愛資料庫**：修改、加入 Arduino C 程式中。

使用者就可以專注在製作我的最愛資料庫，無須擔心手機程式設計、搭載
RGOO 系統程式，只要有基礎操作能力，修改一下 C 程式，就可以建立以手機為
基礎的聲控點歌系統，學程式設計的優點之一，創造生活 DIY 樂趣。

如何將自己喜歡歌曲、音樂快速找出播放出來，快速很重要，不想還要過
濾其他訊息，希望音樂影片馬上出現，可以是享受操作、聽歌的樂趣。本章介
紹這樣子的實驗裝置。先建立點歌資料，例如説出「我的夢」，手機端連結到
YouTube 頻道，播出影片「我的夢」。可以 4 步驟設計自己的聲控點唱機，增加
曲目：

■ 測試聲控指令如「我的夢」，看看 Google 能否辨識出來。

■ 連結 YouTube 網址，測試一下。

■ 在程式中編輯 YouTube 網址。

■ 載入 Arduino 中做測試。

其中連結到 YouTube 頻道：https://www.youtube.com/watch?v=70qyvaQLLZQ，可以在電腦端先測試 OK，找到連結網址，再貼到 Arduino 程式中。圖 5-1 為執行結果。

圖 5-1 測試連結網址

專題功能

專題基本功能如下：

- 以 Arduino 手機當作控制平台，聲控點歌。
- 利用 RGOO 系統設計。
- 聲控點歌，由自建資料庫中選出。
- 可輸出語音訊息。
- 可按鍵、遙控啟動聲控點歌。
- 按下遙控器後，可以自動播放音樂。
- 在 Arduino 系統 C 程式中，自建歌曲資料庫。

在專題中用 Arduino 藍牙連線手機，啟動手機聲控功能。手機聲控後，說出、顯示聲控結果，回傳歌曲名稱到 Arduino UNO 控制模組。若聲控結果出現在資料庫中，則回傳歌曲名稱網路連結資訊到手機，手機收到網路連結資訊則啟動點歌。手機程式，可以直接使用 RG00 引擎，完全無須修改做控制實驗。想新增加功能，可以先用 Arduino C 程式做修正測試，若無法達成，才修改積木程式，想了解積木程式，可以參考最後章節解說。

執行結果

圖 5-2 是實作執行畫面照相，手機的安裝程式 APK 檔，需要先安裝在手機上，才能執行。可以由串列介面監控聲控點歌執行結果。

圖 5-2　手機執行畫面

圖 5-3　聲控點歌，由自建資料庫中選出

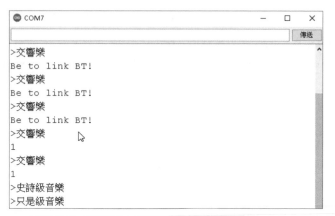

圖 5-4　電腦端監控聲控點歌執行結果

電路設計

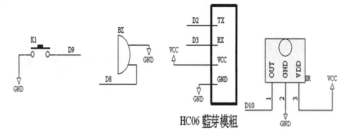

HC06 藍芽模組

圖 5-5　實驗電路

控制電路分為以下幾部分：

■ **按鍵**：測試功能，連到 D9。

■ **壓電喇叭**：聲響警示，連到 D8。

■ **遙控接收模組**：接收遙控信號，連到 D10。

■ **藍牙模組**：連到 Arduino 實驗板與手機建立連線。

　　藍牙模組與 Arduino 實驗板連接，可以參考第 3 章說明。當電源加入時，壓電喇叭會發出嗶聲做簡單測試功能。

5-3 Arduino 聲控點歌

前面介紹中，已經談過如何找出網路歌曲影片連結資料，整理好成資料庫，當聲控點歌，由 C 程式中過濾歌曲名稱，由資料庫中選出。想唱哪一首歌、聽哪一首音樂，想回憶過去的情歌，對手機說出歌曲名稱，手機可以完成您的設定。也可以遙控器啟動手機完成聲控點歌、或是遙控點歌。

手機聲控後，傳回結果給 Arduino 系統，程式中核對結果字串，若是「我的夢」，則設定相關連結網址。程式如下：

```
if (ans.indexOf(" 我的夢 ")>=0) { delay(1000); fans=1; echo="https:// www.
youtube.com/watch?v=70qyvaQLLZQ "; }
```

測試資料庫如下：

- **音樂名稱**：火戰車、我的夢、平凡之路、交響樂、史詩級音樂。
- **交響樂字串資料陣列 song1[]**：3 首相關連結網址資料，隨機播放出來。
- **史詩級音樂字串資料陣列 song2[]**：3 首相關連結網址資料，隨機播放出來。

在此專題中，手機只用到聲控功能的網址連結，目前 RGOO 系統已經內建影片連結功能，只需一次上傳積木程式到雲端，修改自己藍牙地址相關資料，可以長久使用。隨時可以直接修改電腦端 Arduino 聲控點歌資料內容，修改 URG_KTV.INO 程式，可以設計出自己的聲控點歌系統。可按鍵、遙控啟動聲控點歌或是按下遙控器後，可以自動播放音樂，遙控按鍵功能如下：

- **按鍵 1**：播放 " 火戰車 "。
- **按鍵 2**：播放 " 我的夢 "。
- **按鍵 3**：播放 " 平凡之路 "。
- **按鍵 4**：隨機播放 " 交響樂 "。
- **按鍵 5**：隨機播放 " 史詩級音樂 "。
- **按鍵 8**：啟動聲控。

💻 程式 URG_KTV.INO

```
#include <SoftwareSerial.h> // 宣告額外串列介面
SoftwareSerial ur1(2,3); //D2 接收，D3 傳送
#include <rc95a.h> // 引用紅外線遙控器解碼程式庫
// 遙控器解碼值
#define D0 22
#define D1 12
#define D2 24
#define D3 94
#define D4 8
#define D5 28
#define D6 90
#define D7 66
#define D8 82
#define D9 74
int cir=10; // 設定紅外線遙控器解碼控制腳位
int k1=9;// 按鍵
int led=13;//LED 指示
int bz=8;// 壓電喇叭
String ans,echo;// 聲控結果及回應內容
bool fans;// 旗號已取得聲控結果
bool fkey; // 旗號已取得按鍵值
char key; // 按鍵值
char btc; // 接收資料
String song1[]=    // 交響樂 -- 字串資料陣列
{"https://www.youtube.com/watch?v=rNeoN7yZHbQ",
 "https://www.youtube.com/watch?v=WpuPMw1yvk4",
 "https://www.youtube.com/watch?v=6zTc2hD2npA"};
String song2[]=    // 史詩級音樂 -- 字串資料陣列
{"https://www.youtube.com/watch?v=qB_vOmL4v5c",
 "https://www.youtube.com/watch?v=zEdRcMIh5UY",
 "https://www.youtube.com/watch?v=VXtiLczH79Y"};
//================================
void setup() {// 初始化，送出連線藍牙信號
 ur1.begin(9600);       Serial.begin(9600);
 pinMode(led, OUTPUT); pinMode(bz, OUTPUT);
 pinMode(k1, INPUT);   digitalWrite(k1, HIGH);
 be(); led_bl(); Serial.println("Be to link BT!");
}
//---------------------------------------------
void led_bl()//led 閃動
{
int i;
 for(i=0; i<1; i++)
  {
```

```
   digitalWrite(led, HIGH); delay(50);
   digitalWrite(led, LOW);  delay(50);
  }
}
//------------------------------------------------------------
void be()// 嗶一聲
{
int i;
 for(i=0; i<100; i++)
  {
   digitalWrite(bz, HIGH); delay(1);
   digitalWrite(bz, LOW); delay(1);
  }
 delay(100);
}
//--------------------------------------------------------
void loop()// 主程式
{
char i,c;
while(1){
// 掃描是否出現紅外線信號
   no_ir=1;   ir_ins(cir);
   if(no_ir==1) goto loop;
// 發現紅外線信號
   led_bl();    rev();
   for(i=0; i<4; i++)
    { c=(int)com[i]; Serial.print(c);  Serial.print(' ');    }
   Serial.println();// delay(100);
   fkey=0;
// 設定按鍵值
   if(com[2]==D1) {key=1; fkey=1;be(); led_bl();    }
   if(com[2]==D2) {key=2; fkey=1;be(); led_bl();    }
   if(com[2]==D3) {key=3; fkey=1;be(); led_bl();    }
   if(com[2]==D4 ){key=4; fkey=1;be(); led_bl();    }
   if(com[2]==D5) {key=5; fkey=1;be(); led_bl();    }

   if(com[2]==D6) {key=6; fkey=1;be(); led_bl();    }
   if(com[2]==D7) {key=7; fkey=1;be(); led_bl();    }
   if(com[2]==D8) {key=8; fkey=1;be(); led_bl();    }
   if(com[2]==D9) {key=9; fkey=1;be(); led_bl();    }
   if(com[2]==D0) {key=0; fkey=1;be(); led_bl();    }
loop:
if(ur1.available()) // 藍牙有連線
 {
  btc=ur1.read();// 讀取指令
//=======================================================
```

```
   if(btc==1) {  // 指令 c1== 輸出語音或是輸出資料
//C1== 説出內容   c2== 聲控讀取答案 echo 回話
//C1key word: SAY GVC http
    if(fans==1) { url.print(echo); fans=0; }
if(fkey==1) {  fkey=0;
 if(key==1){url.print("https://www.youtube.com/watch?v=bq6N7ibWp4M");  be();}
 if(key==2){url.print("https://www.youtube.com/watch?v=70qyvaQLLZQ");  be();}
 if(key==3){url.print("https://www.youtube.com/watch?v=ExSGYFBPuu0");  be();}
    if(key==4){url.print(song1[random(3)]);  be();}
    if(key==5){url.print(song2[random(3)]);  be();}
    if(key==8){url.print("GVC 啟動聲控");  }
      }// 遙控啟動
// 鍵盤測試 ====
   if ( Serial.available() > 0) {
      c=Serial.read(); led_bl();
      if(c=='1') url.print("SAY=1 您好，這是遙控 GOOGLE");
      }// 鍵盤測試 ====
// 按鍵測試 ========
    if(digitalRead(k1)==0)  {digitalWrite(led,1);
    url.print("GVC 啟動聲控"); delay(300);  digitalWrite(led,0);   }
      }//C1 key msy=====================
if(btc==2){
   fans=0; ans=url.readString();// 讀取答案
   Serial.print(">");Serial.println(ans);// 電腦顯示聲控結果
   if (ans.indexOf("LED")>=0) {led_bl(); led_bl();led_bl();
      fans=1; echo="SAY= LED 閃動        "; }
//=== 使用者設計點歌：
   if (ans.indexOf(" 火戰車 ")>=0)  { delay(1000); /* 等系統説完答案 */
      fans=1; echo="https://www.youtube.com/watch?v=bq6N7ibWp4M"; }
   if (ans.indexOf(" 我的夢 ")>=0)  { delay(1000);
      fans=1; echo="https://www.youtube.com/watch?v=70qyvaQLLZQ"; }
   if (ans.indexOf(" 平凡之路 ")>=0)  { delay(1000);
      fans=1; echo="https://www.youtube.com/watch?v=ExSGYFBPuu0"; }
   if (ans.indexOf(" 交響樂 ")>=0)  { delay(1000);
     int r; fans=1; r=random(3); Serial.println(r);  echo=song1[r];   }
   if (ans.indexOf(" 史詩級音樂 ")>=0)  { delay(1000);
        fans=1; echo=song2[random(3)]; }
//========
  }//C2 com
}//url 藍牙連線
 }// while 1
}//loop
```

手機顯示資訊

一般藍牙應用於不同的裝置之間，進行無線連接、短距離資料傳送，也適合做行動量測資料顯示，或是資料收集，儘管手機內建有感知器，但常用感知器像溫度卻無，因此實驗設計由手機顯示感知器顯示資訊問題，也可以應用於其他領域需要外接顯示裝置的應用。

6-1 設計理念

手機是最常用的行動裝置，在控制上，現在常與工作上結合成為行動監控裝置，或是在自動化測試應用上當做行動的終端機，也可以做外出現場除錯監控的介面應用。最常用的是監控類比信號的輸入或是數位輸入、輸出，或是感知器的監控應用，本實驗就用手機監控 ADC 端的輸入電壓變化。以最少接線達到測試功能，手機上會看到持續資料更新效果。想新增加功能，可以先用 Arduino C 程式做功能修改測試。

6-2 系統組成

系統由以下幾部分組成：

■ **Arduino UNO 系統**：讀取輸出 ADC 端信號輸出到手機端。

■ **Android 手機**：搭載 RGOO 系統，接收 ADC 信號顯示出來。

■ **藍牙裝置**：連結 Arduino UNO 與 Android 手機。

使用者就可以專注在製作資料收集輸出上，無須擔心手機端程式設計，搭載 RGOO 系統程式，只要有基礎操作能力，修改一下 C 程式，就可以建立以手機為基礎的顯示系統，當作行動終端機。學程式設計的優點之一，創新應用於測試、量測實驗中。

專題基本功能如下：

■ 以手機監控 ADC 端的輸入電壓變化。

■ 利用 RGOO 系統設計。

■ 手機端顯示 Arduino ADC 端的量測值。

■ 可說出語音資料與顯示同步。

■ 測試鍵按下 LED 亮起，執行測試輸出資料，輸出語音功能。

■ 可應用於量測實驗中。

在專題中將 Arduino ADC 端的量測值，傳到手機上顯示出來，也可以說出數值。
手機程式，可以直接使用 RGOO 引擎，完全無須修改做控制實驗。想新增加功
能，可以先用 Arduino C 程式做修正測試，若無法達成，才修改積木程式，想了
解積木程式，可以參考最後章節解說。

手機執行畫面

圖 6-1 是實作執行畫面，手機應用程式 APK 檔，需要先安裝好，才能執行。

圖 6-1　手機執行畫面

電路設計

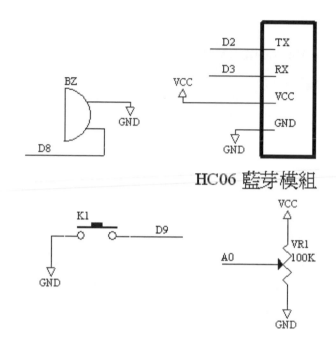

圖 6-2　實驗電路

控制電路分為以下幾部分：

■ **按鍵**：測試功能，連到 D9。

■ **壓電喇叭**：聲響警示，連到 D8。

■ **藍牙模組**：連到 Arduino 實驗板與手機建立連線。

■ **Arduino ADC 端**：量測 ADC 端 A0 的量測值，可由可變電阻調整。

藍牙模組與 Arduino 實驗板連接，可以參考第 3 章說明。當電源加入時，壓電喇叭會發出嗶聲做簡單測試功能。

6-3 控制顯示 ADC 端資料

實驗中，善用手機的顯示功能，經由通訊、連線，將信號傳到手機顯示出來，實驗是測試系統 ADC 端信號，也可以輸出語音。ADC 端 A0 信號當空接時，信號未定，屬於亂數值，可以達到測試目的，以最少接線達到測試功能，手機上會看到持續資料更新效果。想新增加功能，可以先用 Arduino C 程式做功能修改測試。程式檔名為 URG_ad.ino。程式設計主要分為以下幾部分：

■ 藍牙偵測。

■ 壓電喇叭驅動發出音效。

■ 藍牙動作指令定義與判別。

■ 定義聲控關鍵字、執行功能。

■ 說出內容、輸出資料。

■ 偵測按鍵按下則啟動測試。

程式執行功能，在第 3 章有基礎運作說明。在迴圈中判斷手機若是在待機狀態 1 時，btc 值為 1，可以送出資料，設計如下：

```
if(btc==1) { // 狀態 1 時，輸出資料
   adc=analogRead(ad);  ur1.print(adc);   }
```

由於手機端 RGOO 系統設計中，設計有計時器，固定一段時間送出狀態 1，可以接收資料來處理，因此達到延遲的效果，手機上會看到持續資料更新效果。LED 會持續閃動，表示一直有送出資料。

若要說出內容、顯示資料，可以按下按鍵，手機端會顯示資料也說出內容。當測試鍵按下 LED 亮起則放開，執行測試輸出資料，輸出語音功能，設計如下：

```
if(btc==1) { // 指令 c1== 輸出語音 + 輸出資料
   adc=analogRead(ad);
```

```
     if(digitalRead(k1)==0)
{ be(); digitalWrite(led,1); //LED 亮起
       st="SAY= 讀值 "+String(adc)+" ";
ur1.print(st); // 送出訊息
       delay(1000); // 等語音說完
digitalWrite(led,0); //LED 熄滅 }
// 無按鍵則只輸出資料
     else  ur1.print(adc);
   led_bl();//LED 會持續閃動，表示一直有送出資料
```

📟 程式 URG_ad.ino

```
#include <SoftwareSerial.h> // 宣告額外串列介面
SoftwareSerial ur1(2,3); //D2 接收，D3 傳送
int ad=A0; //ADC 信號輸入腳位
int adc;//ADC 讀取資料
int k1=9;// 按鍵
int led=13;//LED 指示
int bz=8;// 壓電喇叭
String ans,echo;// 聲控結果及回應內容
bool fans;// 旗號已取得聲控結果
bool fkey; // 旗號已取得按鍵值
char key; // 按鍵值
char btc; // 接收資料
//================================
void setup() {// 初始化，送出連線藍牙信號
 ur1.begin(9600);        Serial.begin(9600);
 pinMode(led, OUTPUT); pinMode(bz, OUTPUT);
 pinMode(k1, INPUT);   digitalWrite(k1, HIGH);
 be(); led_bl(); Serial.println("Be to link BT!");
}
//---------------------------------------------
void led_bl()//led 閃動
{
int i;
 for(i=0; i<1; i++)
  {
   digitalWrite(led, HIGH); delay(50);
   digitalWrite(led, LOW);  delay(50);
  }
}
```

```
//-----------------------------------------------------------
void be()// 嗶一聲
{
int i;
 for(i=0; i<100; i++)
  {
   digitalWrite(bz, HIGH); delay(1);
   digitalWrite(bz, LOW); delay(1);
  }
 delay(100);
}
//------------------------------------------------------
void loop()// 主程式
{
char c;
while(1){// 迴圈
loop1:
if(ur1.available()) // 有藍牙連線
 {
  btc=ur1.read();// 讀取指令
//==================================================
  if(btc==1) { // 指令 c1== 輸出語音，輸出資料
   adc=analogRead(ad); // 讀取 ADC 信號輸入
// 有按鍵則輸出語音，輸出資料
   if(digitalRead(k1)==0)
     {be(); digitalWrite(led,1);
      st="SAY= 讀值 "+String(adc)+" ";
      ur1.print(st);     // 送出訊息
      delay(1000); digitalWrite(led,0); }
// 無按鍵則只輸出資料
     else  ur1.print(adc);
   led_bl();
// 有新的聲控結果則輸出語音應答
  if(fans==1) { ur1.print(echo); fans=0; }
// 有鍵盤按鍵輸入，則讀取測試功能輸出語音
   if ( Serial.available() > 0) {
       c=Serial.read(); led_bl();
       if(c=='1') ur1.print("SAY=1 您好，這是遙控 GOOGLE");
       if(c=='2') ur1.print("SAY=2 有趣的歷程實作 ");
       }// 鍵盤測試
    }//C1 key msy=======================
if(btc==2){ // 狀態 2 時，RGOO 輸出聲控結果
```

```
    fans=0; ans=url.readString();//讀取答案
    Serial.print(">");Serial.println(ans);//電腦顯示聲控結果
// 測試 LED 聲控連線
    if (ans.indexOf("LED")>=0) {led_bl(); led_bl();led_bl();
        fans=1; echo="SAY= LED 閃動      "; }
//========
  }//C2 com
}//url BT 有 1 commnd 傳入 ==
}// while 1
}//loop
```

07

CHAPTER

手機音效產生器

隔壁有人養鳥，早上晚上都會聽到蟲鳴鳥叫的聲音，只要不吵，感覺上都還是很好的一個氣氛，住在城市中，爾而聽聽鳥叫聲、海浪聲、流水聲等大自然聲音，也是一種享受。此時需要一組音效產生器，可以隨我們心情而定，隨意想聽什麼聲音，就聽什麼聲音。本章介紹這樣子的實驗裝置，也可搭載 RGOO 系統播放特殊音效。

7-1 設計理念

如何設計音效產生器？在第 4 章探索手機內部基礎資源時，是使用音效播放器來播放音效、MP3 檔案，正好可以派上用場。可以程式控制產生音效，可以播放 MP3 檔案，因為 MP3 檔案，內容可以是音樂、音效、錄音內容、電子書或是其他廣泛的應用。

平時可以收集一些有趣的聲音，或是自己喜歡聽的音樂演奏流行歌曲，製作成音樂資料庫，然後有時間的時候，就可以轉入到手機。利用手機來做這樣子的一個實驗，使我們可以維持好的心情。而要存取音樂資料庫，可以經由 RGOO 系統，啟動手機成為可程式化智慧控制器，善用手機系統硬體支援，存取網路上浩瀚無限網路資源來創造更好、更有趣的實驗及應用。

7-2 系統組成

系統由以下幾部分組成：

- **Arduino UNO 系統**：設計自己的遙控程式。
- **Android 手機**：可搭載 RGOO 系統或是設計新積木程式。
- **藍牙裝置**：連結 Arduino UNO 與 Android 手機。
- **建立自己專屬的音樂、音效資料庫**：修改、加入手機中。

使用者就可以專注在製作我的最愛音效資料庫,無須擔心手機程式設計,可搭載 RGOO 系統程式,只要有基礎操作能力,修改一下 C 程式,就可以建立以手機為基礎的音效系統,學程式設計的優點之一,創造生活 DIY 樂趣。若想增加新功能,可以先用 Arduino C 程式做修正測試,若無法達成,才修改積木程式,想了解積木程式,可以參考最後章節解說。

[專題功能]

專題基本功能如下:

■ 以 Arduino C 程式控制手機產生音效。

■ 利用 RGOO 系統設計。

■ 手機端存取網路音效資源。

■ 在 Arduino C 程式中建立網路資源連結點。

■ 可聲控測試音效輸出。

■ 由串列介面進行測試。

■ 可應用於娛樂機台系統模擬機中。

如何建立我的最愛音效資料庫,無須擔心手機程式設計,只需找到網路音源資料庫就可以了,就像聲控點歌一,現在是 MP3,改為短音源、音效播放器,利用相同原理,利用網路上的物聯網資源共享,好玩有趣的主題太多了,善用手機上連網功能,探索很多資源可以加以應用,音效產生也可以參考。

先建立音源資料,音效來源參考:

■ YouTube 頻道找尋。

■ 自己錄音,例如到海邊,可以錄到海浪聲。

■ 短音效來源,網路找尋、測試一下。

短音效來源可以參考圖 7-1，免費音效 MP3 檔案，上面有很多參考音效可以當作實驗參考，適合各種情境測試應用設計。可以在線上點選一下，聽聽音效，若滿意則記錄連結點，就可以由 RGOO 系統中，驅動手機直接產生音效。

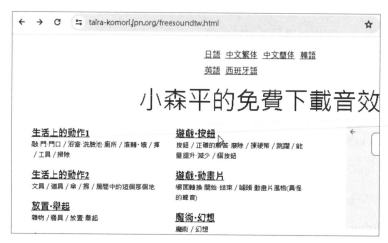

圖 7-1　免費音效 MP3 檔案（https://taira-komori.jpn.org/freesoundtw.html）

手機執行畫面

圖 7-2 是實作執行畫面照相，手機的安裝程式 APK 檔，要先安裝在手機上，才能執行。

　　　　　　　　　　　　圖 7-2　手機執行畫面

電路設計

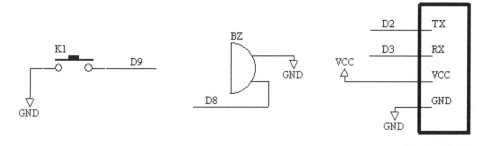

圖 7-3　實驗電路

控制電路分為以下幾部分：

- **按鍵**：測試功能，連到 D9。
- **壓電喇叭**：聲響警示，連到 D8。
- **藍牙模組**：連到 Arduino 實驗板與手機建立連線。

藍牙模組與 Arduino 實驗板連接，可以參考第 3 章說明。當電源加入時，壓電喇叭會發出嗶聲做簡單測試功能。

7-3　手機音效產生器

在第 4 章資源探索中，MP3 檔案需上傳雲端，才能由音效播放器播放出來。

若使用 RGOO 系統，就可以直接驅動手機產生音效。步驟如下：

STEP ① 先測試短音效來源，找到 3 組，例如：

https://taira-komori.jpn.org/sound_os2/game01/button01a.mp3

STEP ② 記錄連結點。

STEP 3 在 C 在程式中編輯連結點。

STEP 4 載入 Arduino 中做測試。

可以在電腦端先測試 OK，找到連結網址，再貼到 Arduino 程式中。程式檔名為 URG_MP3.ino。程式設計主要分為以下幾部分：

- 藍牙偵測。
- 壓電喇叭驅動發出音效。
- 藍牙動作指令定義與判別。
- 定義聲控關鍵字、執行功能。
- 說出內容、輸出音效。
- 偵測按鍵按下則啟動測試。
- 由串列介面進行測試。

先建立網路 3 段音效連結點資料：String ef[]。在迴圈中判斷手機若是在待機狀態 1 時，btc 值為 1，可以輸出音效連結資料，可以設計如下：

```
if(btc==1) { // 指令 c1== 輸出語音或是輸出資料
   // 若由鍵盤經由串列介面測試，按鍵 1、2、3 測試 3 段音效
   if ( Serial.available() > 0) {
      c=Serial.read(); led_bl();
      if(c=='1') {ur1.print(ef[0]); led_bl(); }
      if(c=='2') {ur1.print(ef[1]); led_bl(); }
      if(c=='3') {ur1.print(ef[2]); led_bl(); }
      }// 鍵盤測試  ====
// 當測試鍵按下 LED 亮起，測試 3 段音效
   if(digitalRead(k1)==0)  {digitalWrite(led,1);
   ur1.print(ef[0]);  delay(1200);  led_bl();
   ur1.print(ef[1]);  delay(1200);  led_bl();
   ur1.print(ef[2]);  delay(1200);  led_bl();
   }
```

　　由於手機端 RGOO 系統設計有計時器，固定一端時間送出狀態 1，可以接收資料來處理，當按鍵按下時，延遲一下，系統偵測到 LED 亮起，才能聽到 3 段音效。

程式 URG_MP3.ino

```
#include <SoftwareSerial.h> // 宣告額外串列介面
SoftwareSerial ur1(2,3); //D2 接收，D3 傳送
int k1=9;// 按鍵
int led=13;//LED 指示
int bz=8;// 壓電喇叭
String ans,echo;// 聲控結果及回應內容
bool fans;// 旗號已取得聲控結果
bool fkey; // 旗號已取得按鍵值
char key; // 按鍵值
char btc; // 接收資料
String ef[]=// 網路 3 段音效連結點
{"https://taira-komori.jpn.org/sound_os2/game01/button01a.mp3",
"https://taira-komori.jpn.org/sound_os2/game01/coin04.mp3",
"https://taira-komori.jpn.org/sound_os2/game01/coin05.mp3"};
void setup() {// 初始化，送出連線藍牙信號
 ur1.begin(9600);        Serial.begin(9600);
 pinMode(led, OUTPUT); pinMode(bz, OUTPUT);
 pinMode(k1, INPUT);    digitalWrite(k1, HIGH);
 be(); led_bl(); Serial.println("Be to link BT!");
}
//------------------------------------------
void led_bl()//led 閃動
{
int i;
 for(i=0; i<1; i++)
  {
   digitalWrite(led, HIGH); delay(50);
   digitalWrite(led, LOW);  delay(50);
  }
}
//------------------------------------------------------------
void be()// 嗶一聲
{
int i;
 for(i=0; i<100; i++)
```

```
  {
   digitalWrite(bz, HIGH); delay(1);
   digitalWrite(bz, LOW); delay(1);
   }
 delay(100);
}
//--------------------------------------------------
void loop()// 主程式
{
char c;
while(1){
loop1:
if(ur1.available())
 {
  btc=ur1.read();// 讀取指令
//=================================================
  if(btc==1) { // 指令 c1== 輸出語音或是輸出資料
   if(fans==1) { ur1.print(echo); fans=0; }
   if ( Serial.available() > 0) {
      c=Serial.read(); led_bl();
      if(c=='1') {ur1.print(ef[0]); led_bl(); }
      if(c=='2') {ur1.print(ef[1]); led_bl(); }
      if(c=='3') {ur1.print(ef[2]); led_bl(); }
      }// 鍵盤測試 ====
    if(digitalRead(k1)==0)  {digitalWrite(led,1);
     ur1.print(ef[0]);  delay(1200);  led_bl();
     ur1.print(ef[1]);  delay(1200);  led_bl();
     ur1.print(ef[2]);  delay(1200);  led_bl();
     }
   }//C1 key ================
if(btc==2){
    fans=0; ans=ur1.readString();// 讀取答案
    Serial.print(">");Serial.println(ans);// 電腦顯示聲控結果
    if (ans.indexOf("LED")>=0) {led_bl(); led_bl();led_bl();
        fans=1; echo="SAY= LED 閃動       "; }
    if (ans.indexOf(" 火戰車 ")>=0) { delay(1000); /* 等系統説完答案 */
        fans=1; echo="https://www.youtube.com/watch?v=bq6N7ibWp4M"; }
    if (ans.indexOf(" 音效 ")>=0) { delay(1000); /* 等系統説完答案 */
        fans=1;  echo=ef[0];          }
  }//C2 com
}//ur1 BT 有 1 commnd 傳入 ==
 }// while 1
}//loop
```

08

CHAPTER

聲控遙控彩燈

每年遇到聖誕節、過年時，會在客廳放置聖誕燈飾應景一下，讓生活更有意思，其中彩燈是主要關鍵元件。有了這些彩燈，可以創造出很溫馨的情境，不同情境、心情可以調整各種彩燈顯示顏色及方式，此時需要可程式化彩燈控制器，本章介紹這樣子的實驗裝置，也可搭載 RGOO 一起輕鬆製作更有趣的應用實驗。

8-1 設計理念

在 Arduino 教材開發中，我們不斷的去找尋容易連接的模組來做相關主題實驗，或是系統整合，使教學更方便、更有趣，其中最感興奮模組之一是可調整顏色的 RGB 彩燈模組，原來市面上很多展場上彩燈多種顏色變化，建築物崁入的五花八門廣告燈，都可用此模組來組裝設計出來。

傳統複雜的看板或是廣告燈都需要較複雜的控制器作控制，需要設計控制器及驅動程式，現在經由 Arduino 實驗平台的出現，使得這些控制器成為簡單、有趣的小玩意，非常讓人覺得驚喜！既然有了實驗的元件，基於好奇，可以探索出更有潛力的應用。

8-2 系統組成

系統由以下幾部分組成：

■ **Arduino UNO 系統**：設計自己的 LED 燈驅動顯示。

■ **Android 手機**：搭載 RGOO 系統，聲控驅動 LED 燈。

■ **藍牙裝置**：連結 Arduino UNO 與 Android 手機。

■ **設計彩燈顯示資料庫**：修改、加入 Arduino C 程式中。

　　使用者就可以專注在製作彩燈顯示資料庫，無須擔心手機程式設計、搭載 RGOO 系統程式，只要有基礎操作能力，修改一下 C 程式，就可以建立以手機為基礎的彩燈顯示控制系統，學程式設計的優點之一，創造生活 DIY 樂趣。

[專題功能]

專題基本功能如下：

- 以 Arduino UNO 系統測試全彩 LED 燈。

- 可以遙控器遙控彩燈展示。

- 利用 RGOO 系統設計。

- 可支援聲控彩燈顯示。

- 可做照明系統使用。

- 逐一測試建立各種彩燈展示測試效果。

　　先建立基礎 LED 做亮燈測試，結合 LED 做亮燈控制應用，聲控後驅動多組 LED 亮燈，避免占用過多硬體資源，使用串列控制 LED 燈串，控制信號可以串接下去，只需一支控制腳位送出驅動信號，可以依需要擴充更多的 LED 應用場合。圖 8-1 為串列控制 LED 燈串 8 顆包裝，模組中使用 WS2812 晶片來做信號控制並下傳信號，4 支腳位如下：

- **VDC**：LED 5V 電源接腳。

- **GND**：地端。

- **DIN**：控制信號輸入。

- **DOUT**：控制信號輸出。

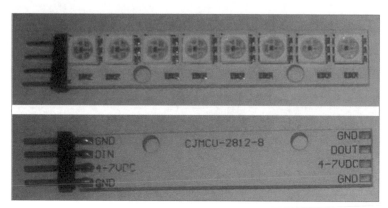

圖 8-1　串列控制 LED 燈串

手機執行畫面

圖 8-2 是實作執行畫面照相，手機的安裝程式 APK 檔，需要先安裝在手機上，才能執行。

圖 8-2　手機執行畫面

電路設計

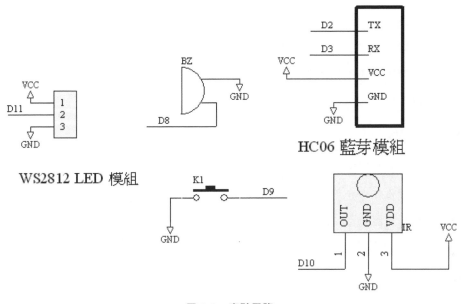

圖 8-3　實驗電路

控制電路分為以下幾部分：

- **壓電喇叭**：聲響警示，連到 D8。

- **按鍵**：測試功能，連到 D9。

- **遙控器接收模組**：接收遙控器信號，由腳位 D10 輸入。

- **彩燈模組**：彩燈控制，連到 D11。

- **藍牙模組**：連到 Arduino 實驗板與手機建立連線。

　　藍牙模組與 Arduino 實驗板連接，可以參考第 3 章說明。當電源加入時，壓電喇叭會發出嗶聲做簡單測試功能。

8-3　Arduino 聲控遙控彩燈

實驗中，可以由串列介面測試，由按鍵按下測試，由遙控器遙控進行測試，也可以由手機端做聲控測試。想新增加功能，可以先用 Arduino C 程式做功能修改測試，有需要再改積木程式。程式檔名為 URG_LED.ino。程式設計主要分為以下幾部分：

■　藍牙偵測。

■　壓電喇叭驅動發出音效。

■　藍牙動作指令定義與判別。

■　定義聲控關鍵字、執行功能。

■　説出內容、輸出資料。

■　偵測按鍵按下則啟動測試。

在迴圈中判斷手機若是在待機狀態 1 時，btc 值為 1，可以輸出連結資料，設計如下：

```
if(btc==1) { // 指令 c1== 輸出語音或是輸出資料
 // 聲控後有新的結果，輸出對話
if(fans==1) { ur1.print(echo); fans=0; }
   if(fkey==1) {  fkey=0;
// 有按下遙控器數字 1 啟動彩燈測試，輸出語音
    if(key==1)
      {ur1.print("SAY= 紅色 "); set_color(red); ledx(0); be();}
// 有按下遙控器數字 4 啟動照明測試，輸出音效
if(key==4)  {ur1.print(ef[0]); lt_led();      }
        }// 遙控啟動 ==============
// 若由鍵盤經由串列介面測試，按鍵 1、2、3 測試 3 段音效
   if ( Serial.available() > 0 ) {
     c=Serial.read(); led_bl();
       if(c=='1') {ledx(0);ur1.print(ef[0]); led_bl(); }
       if(c=='2') {ledx(1);ur1.print(ef[1]); led_bl(); }
       if(c=='3') {ledx(2);ur1.print(ef[2]); led_bl(); }
       }// 鍵盤測試 ====
```

```
// 當測試鍵按下 LED 亮起，測試音效
if(digitalRead(k1)==0)   {digitalWrite(led,1);
    ur1.print(ef[0]);   delay(1200);   led_bl();}
```

在迴圈中判斷手機若是在待機狀態 2 時，btc 值為 2，聲控後有新的結果，可以輸出對話資料，設計如下：

```
if(btc==2){
    fans=0; ans=ur1.readString();// 讀取答案
    Serial.print(">");Serial.println(ans);// 電腦顯示聲控結果
// 過濾答案: "LED"、" 火戰車 "、" 彩燈展示 "、" 照明 "，做應答處理
    if (ans.indexOf("LED")>=0) {led_bl(); led_bl();led_bl();
        fans=1; echo="SAY= LED 閃動       "; }
    if (ans.indexOf(" 火戰車 ")>=0)  { delay(1000); /* 等系統説完答案 */
        fans=1; echo="https://www.youtube.com/watch?v=bq6N7ibWp4M";
test_led(); }
    if (ans.indexOf(" 彩燈展示 ")>=0) {test_led(); fans=1;
echo=ef[0]; }
    if (ans.indexOf(" 照明 ")>=0)  { lt_led();      fans=1;
echo=ef[0]; }
  }//C2 com
```

💻 程式 URG_LED_RC.ino

```
#include <SoftwareSerial.h> // 宣告額外串列介面
SoftwareSerial ur1(2,3); //D2 接收，D3 傳送
#include <rc95a.h> // 引用紅外線遙控器解碼程式庫
#include <WS2812.h> // 引用彩燈程式庫
#define no 8     //LED 數量
WS2812 LED(no); // 彩燈宣告
cRGB value;  // 彩燈顏色值
int aled=11; // 彩燈連接腳位
// 遙控器解碼值
#define D0 22
#define D1 12
#define D2 24
#define D3 94
#define D4 8
#define D5 28
#define D6 90
```

```
#define D7  66
#define D8  82
#define D9  74
// 彩燈顏色定義
#define white   0
#define red     1
#define green   2
#define blue    3
#define din     4
#define pur     5
#define yel     6
#define gray    7
int k1=9;// 按鍵
int cir=10; // 設定紅外線遙控器解碼控制腳位
int led=13;//LED 指示
int bz=8;// 壓電喇叭
String ans,echo;// 聲控結果及回應內容
bool fans;// 旗號已取得聲控結果
bool fkey; // 旗號已取得按鍵值
char key; // 按鍵值
char btc; // 接收資料
String ef[]=// 音效連結點
{"https://taira-komori.jpn.org/sound_os2/game01/button01a.mp3",
"https://taira-komori.jpn.org/sound_os2/game01/coin04.mp3",
"https://taira-komori.jpn.org/sound_os2/game01/coin05.mp3"};
//==================================
void setup() {// 初始化，送出連線藍牙信號
 ur1.begin(9600);        Serial.begin(9600);
 pinMode(cir, INPUT);
 pinMode(led, OUTPUT); pinMode(bz, OUTPUT);
 pinMode(k1, INPUT);   digitalWrite(k1, HIGH);
 be(); led_bl(); Serial.println("Be to link BT!");
 LED.setOutput(aled);  set_all_off();    test_led();
}
//----------------------------------------------
void led_bl()//led 閃動
{
int i;
 for(i=0; i<1; i++)
  {
   digitalWrite(led, HIGH); delay(50);
   digitalWrite(led, LOW);  delay(50);
```

```
  }
}
//-------------------------------------------------------------
void be()// 嗶一聲
{
int i;
 for(i=0; i<100; i++)
  {
   digitalWrite(bz, HIGH); delay(1);
   digitalWrite(bz, LOW); delay(1);
  }
 delay(100);
}
//----------------------
void test_led()// 測試彩燈
{
 set_color(yel);   led8(); delay(800);   set_all_off();
 set_color(green);led8(); delay(800);   set_all_off();
 set_color(red);   led8(); delay(800);   set_all_off();
}
//----------------------------------------
void set_all_off()// 彩燈全熄滅
{
int i;
 for(i=0; i<no; i++)
  {
   value.r=0;   value.g=0; value.b=0;
   LED.set_crgb_at(i, value);
   LED.sync(); delay(1);
  }
}
//---------------------------
void set_color(char c) // 設定彩燈顏色
{
 switch(c)
  {
   case white: value.r=255;   value.g=255; value.b=255; break;
   case red  : value.r=255;   value.g=0 ; value.b=0  ; break;
   case green: value.r=0  ;   value.g=255; value.b=0  ; break;
   case blue : value.r=0  ;   value.g=0 ; value.b=255; break;
   case din  : value.r=0  ;   value.g=255; value.b=255; break;
   case pur  : value.r=128;   value.g=0 ; value.b=128; break;
```

```
  case yel  : value.r=255;  value.g=255; value.b=0  ; break;
  case gray : value.r=128;  value.g=128; value.b=128; break;
  default:  break;
  }
}
//---------------------------
void ledx(char d)  // 點亮一顆 LED
{
 LED.set_crgb_at(d, value);
 LED.sync();
 delay(500); set_all_off();
}
//--------------------------------------
void led8()  // 點亮 8 顆 LED
{
int i;
 for(i=0; i<no; i++)
   {
    LED.set_crgb_at(i, value);
    LED.sync(); delay(1);
   }
}
//---------------------------
void lt_led()// 點亮 8 顆 LED 亮白光
{
  set_color(white); led8();
  delay(3000); set_all_off();
}
//--------------------------------------
void loop()// 主程式
{
int i,c;
while(1){
// 掃描是否出現紅外線信號
  no_ir=1;
  ir_ins(cir);
  if(no_ir==1) goto loop;
// 發現紅外線信號
  led_bl();   rev();
  for(i=0; i<4; i++)
   { c=(int)com[i];  Serial.print(c);  Serial.print(' ');   }
  Serial.println();// delay(100);
```

```
    fkey=0;
// 設定按鍵值
    if(com[2]==D1) {key=1; fkey=1;be(); led_bl();    }
    if(com[2]==D2) {key=2; fkey=1;be(); led_bl();    }
    if(com[2]==D3) {key=3; fkey=1;be(); led_bl();    }
    if(com[2]==D4 ){key=4; fkey=1;be(); led_bl();    }
    if(com[2]==D5) {key=5; fkey=1;be(); led_bl();    }
    if(com[2]==D6) {key=6; fkey=1;be(); led_bl();    }
    if(com[2]==D7) {key=7; fkey=1;be(); led_bl();    }
    if(com[2]==D8) {key=8; fkey=1;be(); led_bl();    }
    if(com[2]==D9) {key=9; fkey=1;be(); led_bl();    }
    if(com[2]==D0) {key=0; fkey=1;be(); led_bl();    }
loop:
if(ur1.available()) // 藍牙有連線
 {
  btc=ur1.read();// 讀取指令
   if(btc==1) { // 指令 c1== 輸出語音或是輸出資料
//C1== 説出內容   c2== 聲控讀取答案 echo 回話
//c1key word== SAY GVC http
    if(fans==1) { ur1.print(echo); fans=0; }
    if(fkey==1) {   fkey=0;
// 遙控啟動 -------------
      if(key==1)
 {ur1.print("SAY= 紅色 "); set_color(red); ledx(0); be();}
      if(key==2)
      {ur1.print("SAY= 綠色 "); set_color(green);ledx(0); be();}
      if(key==3)
      {ur1.print("SAY= 黃色 "); set_color(yel); ledx(0); be();}
      if(key==4)  {ur1.print(ef[0]); lt_led();     }
          }// 遙控啟動 ===============
// 鍵盤測試 ===
    if ( Serial.available() > 0) {
       c=Serial.read(); led_bl();
       if(c=='1') {ledx(0);ur1.print(ef[0]); led_bl(); }
       if(c=='2') {ledx(1);ur1.print(ef[1]); led_bl(); }
       if(c=='3') {ledx(2);ur1.print(ef[2]); led_bl(); }
       }// 鍵盤測試 ====
// 按鍵測試 =======
    if(digitalRead(k1)==0) {digitalWrite(led,1);
     ur1.print(ef[0]); delay(1200); led_bl();
     ur1.print(ef[1]); delay(1200); led_bl();
     ur1.print(ef[2]); delay(1200); led_bl();
```

```
     }
  }//C1 key msy========================
if(btc==2){
    fans=0; ans=url.readString();// 讀取答案
    Serial.print(">");Serial.println(ans);// 電腦顯示聲控結果
    if (ans.indexOf("LED")>=0) {led_bl(); led_bl();led_bl();
        fans=1; echo="SAY= LED 閃動        "; }
    if (ans.indexOf(" 火戰車 ")>=0)   { delay(1000);  /* 等系統說完答案 */
        fans=1; echo="https://www.youtube.com/watch?v=bq6N7ibWp4M"; test_
led(); }
    if (ans.indexOf(" 彩燈展示 ")>=0) {test_led(); fans=1;  echo=ef[0]; }
    if (ans.indexOf(" 照明 ")>=0)   { lt_led();    fans=1;  echo=ef[0]; }
   }//C2 com
}//url 藍牙連線
 }// while 1
}//loop
```

09

CHAPTER

電子彈珠台控制器

彈珠台是人類最古老的娛樂遊戲器，當時沒有遊戲機，沒有電視機，沒有螢幕，只有傳統的機械，還有電磁鐵之類的驅動器，怎麼靠小鐵球的來回滾動，到處碰觸機構引發互動的遊戲，產生燈光、音效的遊戲機台。本章介紹這樣子的實驗裝置，也可以搭載 RGOO 系統播放特殊音效。

9-1 何謂電子彈珠台控制器

彈珠台（Pinball），俗稱 FLIPPER，對 5 年級台灣出生的人，應該是歷史回憶中的高級玩具，在台灣已經快消失的行業，機台只剩下一些高級俱樂部還有庫存。依據 GOOGLE 資料，彈珠台早在西元 1934 年已經存在，由美國遊戲設計家雷德葛雷夫發明，到現在已有 90 年歷史，是一種投幣式營業用街機，利用金屬球與機械進行互動遊戲，後來也演變成一種電腦及手機遊戲。

當 Arduino 系統相關 C 程式設計這麼普遍，彈珠台若能結合程式設計應該是項有意義、有趣的體驗課程，讓它在台灣消失是有點可惜。即使沒有完整的機台，我們可以先來探索傳統手上有的工具，然後來製作基本的功能測試，開始逐一建構好玩的基礎實驗。

若對彈珠台感興趣，可以由過去電腦 WIN XP 上立體彈珠台開始了解，參考圖 9-1。現在若要在 WIN 10 上玩網路立體彈珠台，可以參考 9-2。圖 9-3 是過去我收集的 TOMY 彈珠台，現在還可以通電回憶玩樂一下。以現在彈珠台產業市場來看，STERN Pinball 是世界最大彈珠台製造商（圖 9-4），網路上更多資料可參考（圖 9-5）。

圖 9-1　WIN XP 上立體彈珠台

圖 9-2　網路上立體彈珠台（https://www.i-gamer.net/play/173.html）

圖 9-3　我收集的 TOMY 彈珠台

圖 9-4　STERN 是世界最大彈珠台製造商

（https://sternpinball.com/）

圖 9-5　網路彈珠台相關資料

9-2　系統組成

系統由以下幾部分組成：

- **Arduino UNO 系統**：設計自己的電子彈珠台程式。

- **Android 手機**：可搭載 RGOO 系統。

- **藍牙裝置**：連結 Arduino UNO 與 Android 手機。

- **自己的音效資料庫**：修改、加入。

- **七節顯示器**：顯示得分。

- **彈珠台**：實體木工製作美式彈珠台。

- **感知器**：偵測鐵球靠近。

使用者就可以專注在製作我的最愛音效資料庫，無須擔心手機程式設計，可搭載 RGOO 系統程式，只要有基礎操作能力，修改一下 C 程式，就可以建立以手機為基礎的彈珠台控制音效系統，學程式設計的優點之一，創造生活 DIY 樂趣。

實體木工製作美式彈珠台，在台灣網購，容易找到的：https://www.ruten.com.tw/item/show?22331349892129。

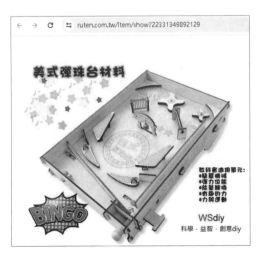

圖 9-6　在台灣網購參考實體木工製作美式彈珠台

以關鍵字 " 美式彈珠台 "，可以找到彈珠台相關材料。利用現有教材機構，就可以開始模擬出基礎彈珠台的實驗功能。剛開始可以驅動鐵球上下來回滾動，當球往下墜落時，將鐵球回擊時接近感知器，可以製造一些效果，當觸發以後，可以產生燈光、音效、得分效果，可以達到娛樂效果或是 DIY 學習樂趣。有了基礎機台後，剩下工作：

- ■ 感知器安裝及測試。
- ■ 硬體組裝。
- ■ 控制程式。
- ■ 手機連線測試。

圖 9-7　實驗用木工製美式彈珠台

專題功能

專題基本功能如下：

- **彈珠台得分數字資料**：可由手機顯示出來或是顯示器。

- **音效產生**：由手機產生音效。

- **燈光彩燈顯示**：使用 LED 彩燈產生。

- **測試功能**：由 UNO 控制程式執行。

- **感知器設計及測試**：觸發後驅動系列音效及效果。

在第 6 章中已經介紹如何在手機端顯示資料，第 7 章中介紹音效產生器設計，第 8 章中結合 RGOO 設計 LED 彩燈控制，加上感知器偵測效果，因此一套具有燈光、音效、得分數字顯示的彈珠台實體機就可以組合出來開始測試。

在專題中由 Arduino 偵測感知器信號處理，傳到手機上顯示得分，也可產生音效。手機程式設計，可以直接使用 RG00 引擎，完全無須修改做控制實驗。想新增加功能，可以先用 Arduino C 程式做修正測試，若無法達成，才修改積木程式，想了解積木程式，可以參考最後章節解說。

專題實驗過程

圖 9-8 是實作硬體連線，測試時先用按鍵取代感知器，都是低電位動作。為了簡化配線，顯示器及紅外線接收模組都直接插入 UNO 板子。手機的安裝程式 APK 檔，需要先安裝在手機上，才能執行。實驗中的感知器安裝可以考慮當球靠近感知器時觸動，可以安裝在機台上許多地方，需要搭配程式來測試。可以安裝 3 組接近感知器，距離可以由可變電阻微調，當靠近 1 公分時啟動。

圖 9-8　連線簡單化

圖 9-9　手機執行畫面顯示得分

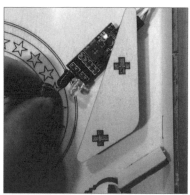

圖 9-10　實驗中的感知器與測試機台

圖 9-11　接近感知器

電路設計

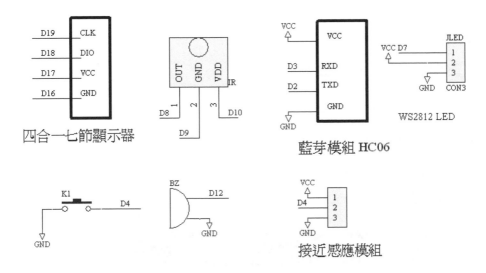

圖 9-12　實驗電路

控制電路分為以下幾部分：

- **按鍵**：測試功能，連到 D4，測試時先用按鍵取代感知器，都是低電位動作。
- **壓電喇叭**：聲響警示，連到 D12。
- **藍牙模組**：連到 Arduino 實驗板與手機建立連線。
- **遙控器接收模組**：使用 EAR 工法連接。
- **顯示器**：使用 EAR 工法連接。
- **彩燈模組**：彩燈控制，連到 D7。

為了簡化配線，七節顯示器及紅外線接收模組都直接插入 UNO 板子。使用 EAR（EASY Arduino）工法來設計，利用 UNO 晶片硬體輸出驅動能力夠強，當作電源供電。例如，七節顯示器使用腳位：

- **GND**：地線，由 D16 供電低電位。

- **VCC**：5V 電源，由 D17 供電高電位。

- **DIO**：同步信號，連接 D18。

- **CLK**：數位信號，連接 D19。

  例如，紅外線接收模組使用腳位：

- **OUT**：數位信號輸出，連接 D8。

- **GND**：地線，連接 D9。

- **VCC**：電源，連接 D10。

圖 9-13　顯示器直接插入 UNO 板子方便測試

圖 9-14 紅外線接收模組直接插入 UNO 板子方便測試

9-3 Arduino 主控程式

實驗中，善用手機的音效功能，經由通訊、連線，將信號傳到手機展示呈現出來。想新增加功能，可以先用 Arduino C 程式做功能修改測試。程式檔名為 URG_pb1.ino。程式設計主要分為以下幾部分：

■ 藍牙偵測。

■ 壓電喇叭驅動發出音效。

■ 開機測試動作。

■ 藍牙動作指令定義與判別。

■ 輸出音效、輸出得分資料。

■ 燈光彩燈顯示。

■ 偵測按鍵按下則啟動測試。

有了這些感知器、全彩 LED、顯示器、遙控器等創作的元素以後，如何串接在一起，可以先由測試功能開始。由於感知器需要搭載機構來測試，先用按鍵來做模擬測試，都是低電位動作，由觸發產生器開始來做測試器，當然也可以用遙控，但是真實的情況是球滾動到接近感知器，引發系列動作。經過反覆編輯測試，組合後來實現較佳狀態。在主控迴圈中，偵測按鍵按下時，產生系列動作：

```
if(digitalRead(k1)==0)
 {
be(); led_bl();   sco++; // 分數加分
//ur1.print(sco); 手機顯示得分
  show_sco();  // 顯示得分
  ur1.print(ef[random(3)]);   // 產生亂數音效
//ur1.print("SAY= 加油 ");
  test_led(); //LED 顯示
 }
```

這樣設計容易了解，缺點是多種連線手機功能：

■ 手機顯示得分 `ur1.print(sco);`

■ 產生亂數音效 `ur1.print(ef[random(3)]);`

■ 合成輸出語音 `ur1.print("SAY= 加油 ");`

三者功能只能同時選一，無法同時存在。有興趣讀者，可以先用 Arduino C 程式做修正測試，若無法達成，才修改積木程式。

程式 URG_pb1.ino

```
#include <SoftwareSerial.h> // 宣告額外串列介面
SoftwareSerial ur1(2,3); //D2 接收，D3 傳送
#include <rc95a.h> // 引用紅外線遙控器解碼程式庫
//EAR power--------------------------------
int v5=10; int gnd=9;  int cir =8; //IR 腳位
int v5_seg=17; int  gnd_seg=16;  // 顯示器腳位
#include "SevenSegmentTM1637.h"
int PIN_CLK =19;
int PIN_DIO =18;
SevenSegmentTM1637 display(PIN_CLK, PIN_DIO);
#include <WS2812.h> // 引用彩燈程式庫
```

```
#define no 8      //LED 數量
WS2812 LED(no);  // 彩燈宣告
cRGB value;   // 彩燈顏色值
int aled=7;  // 彩燈連接腳位
// 彩燈顏色定義
#define white   0
#define red     1
#define green   2
#define blue    3
#define din     4
#define pur     5
#define yel     6
#define gray    7
//-----------------------
#define D0 22
#define D1 12
#define D2 24
#define D3 94
#define D4 8
#define D5 28
#define D6 90
#define D7 66
#define D8 82
#define D9 74
int led=13;//LED 指示
int bz=12;// 壓電喇叭
int k1=4;// 按鍵 1
int k2=5;// 按鍵 2
int k3=6;// 按鍵 3
char mess[]="Pbv1";
int sco=0;
//-----------------------
String ans,echo;// 聲控結果及回應內容
bool fans=0;// 旗號已取得聲控結果
bool fkey=0; // 旗號已取得按鍵值
char key; // 按鍵值
char btc; // 接收資料
String ef[]=// 音效連結點
{"https://taira-komori.jpn.org/sound_os2/game01/button01a.mp3",
 "https://taira-komori.jpn.org/sound_os2/game01/coin04.mp3",
 "https://taira-komori.jpn.org/sound_os2/game01/coin05.mp3"};
//===============================
```

```
void setup() {// 初始化，送出連線藍牙信號
//IR 電源控制
 pinMode(v5, OUTPUT);    pinMode(gnd, OUTPUT);
 digitalWrite(v5, HIGH);digitalWrite(gnd, LOW);
// 顯示器電源控制
 pinMode(v5_seg, OUTPUT);    pinMode(gnd_seg, OUTPUT);
 digitalWrite(v5_seg, HIGH);digitalWrite(gnd_seg, LOW);
 url.begin(9600);        Serial.begin(9600);
 pinMode(cir, INPUT);
 pinMode(led, OUTPUT); pinMode(bz, OUTPUT);
 pinMode(k1, INPUT);    digitalWrite(k1, HIGH);
 pinMode(k2, INPUT);    digitalWrite(k2, HIGH);
 display.begin(); display.setBacklight(100);
 display.print(mess); be();
 LED.setOutput(aled);   set_all_off();     test_led();
}
//--------------------
void show_sco()// 分數顯示
{
 display.clear(); display.print(sco); be();
}
//--------------------
void led_bl()//led 閃動
{
int i;
 for(i=0; i<1; i++)
  {
   digitalWrite(led, HIGH); delay(50);
   digitalWrite(led, LOW);  delay(50);
  }
}
//------------------------------------------------------------
void be()// 嗶一聲
{
int i;
 for(i=0; i<100; i++)
  {
   digitalWrite(bz, HIGH); delay(1);
   digitalWrite(bz, LOW); delay(1);
  }
 delay(100);
}
```

```
//----------------------
void test_led()// 測試彩燈
{
 set_color(yel);  led8(); delay(300);  set_all_off();
 set_color(green);led8(); delay(300);  set_all_off();
 set_color(red);  led8(); delay(300);  set_all_off();
}
//---------------------------------------
void set_all_off()// 彩燈全熄滅
{
int i;
 for(i=0; i<no; i++)
  {
   value.r=0;  value.g=0; value.b=0;
   LED.set_crgb_at(i, value);
   LED.sync(); delay(1);
  }
}
//---------------------------
void set_color(char c)  // 設定彩燈顏色
{
 switch(c)
  {
   case white: value.r=255;  value.g=255; value.b=255; break;
   case red  : value.r=255;  value.g=0  ; value.b=0  ; break;
   case green: value.r=0  ;  value.g=255; value.b=0  ; break;
   case blue : value.r=0  ;  value.g=0  ; value.b=255; break;
   case din  : value.r=0  ;  value.g=255; value.b=255; break;
   case pur  : value.r=128;  value.g=0  ; value.b=128; break;
   case yel  : value.r=255;  value.g=255; value.b=0  ; break;
   case gray : value.r=128;  value.g=128; value.b=128; break;
   default:  break;
  }
}
//---------------------------
void ledx(char d)  // 點亮一顆 LED
{
 LED.set_crgb_at(d, value);
 LED.sync();
 delay(500); set_all_off();
}
//---------------------------------------
```

```
void led8() // 點亮 8 顆 LED
{
int i;
 for(i=0; i<no; i++)
  {
   LED.set_crgb_at(i, value);
   LED.sync(); delay(1);
  }
}
//-----------------------------
void lt_led()// 點亮 8 顆 LED 亮白光
{
  set_color(white); led8();
  delay(3000); set_all_off();
}
//--------------------
void loop()// 主程式
{
int i,c;
while(1){// 主控迴圈
if(digitalRead(k1)==0){   // 感知器 1 觸動
  be();led_bl();  sco++; //ur1.print(sco);
  show_sco();  //ur1.print(ef[random(3)]);
ur1.print("SAY= 加油 "); test_led();     }
if(digitalRead(k2)==0){   // 感知器 2 觸動
  be(); be(); led_bl();  sco+=5; //ur1.print(sco);
  show_sco(); ur1.print(ef[random(3)]); test_led();     }
  // 掃描是否出現紅外線信號
  no_ir=1;
  ir_ins(cir);
  if(no_ir==1) goto loop;
// 發現紅外線信號
  led_bl();  rev();
  for(i=0; i<4; i++)
   { c=(int)com[i];  Serial.print(c);  Serial.print(' ');     }
  Serial.println();// delay(100);
  fkey=0;
// 設定按鍵值
  if(com[2]==D1) {key=1; fkey=1;be(); led_bl();     }
  if(com[2]==D2) {key=2; fkey=1;be(); led_bl();     }
  if(com[2]==D3) {key=3; fkey=1;be(); led_bl();     }
  if(com[2]==D4 ){key=4; fkey=1;be(); led_bl();     }
```

```
   if(com[2]==D5) {key=5; fkey=1;be(); led_bl();     }
   if(com[2]==D6) {key=6; fkey=1;be(); led_bl();     }
   if(com[2]==D7) {key=7; fkey=1;be(); led_bl();     }
   if(com[2]==D8) {key=8; fkey=1;be(); led_bl();     }
   if(com[2]==D9) {key=9; fkey=1;be(); led_bl();     }
   if(com[2]==D0) {key=0; fkey=1;be(); led_bl();     }
loop:
//loop  - - - - - - - - -
if(ur1.available()) // 藍牙有連線
 {
  btc=ur1.read();// 讀取指令
  if(btc==1) { // 指令 c1== 輸出語音或是輸出資料
//C1== 説出內容   c2== 聲控讀取答案 echo 回話
//c1key word== SAY GVC http
   if(ftr==1)  { ur1.print(echo); ftr=0; }
   if(fans==1) { ur1.print(echo); fans=0; }
   if(fkey==1) {  fkey=0;
// 遙控啟動 -------------
     if(key==1)
       {ur1.print("SAY= 紅色 "); set_color(red); ledx(0); be();}
     if(key==4)  {ur1.print(ef[0]); lt_led();      }
          }// 遙控啟動 ===============
// 鍵盤測試 ===
   if ( Serial.available() > 0) {
       c=Serial.read(); led_bl();
       if(c=='1') {ledx(0);ur1.print(ef[0]); led_bl(); }
       if(c=='2') {ledx(1);ur1.print(ef[1]); led_bl(); }
       if(c=='3') {ledx(2);ur1.print(ef[2]); led_bl(); }
          }// 鍵盤測試 ====
    }//C1 key msy=====================
if(btc==2){
    fans=0; ans=ur1.readString();// 讀取答案
    Serial.print(">");Serial.println(ans);// 電腦顯示聲控結果
    if (ans.indexOf("LED")>=0) {led_bl(); led_bl();led_bl();
        fans=1; echo="SAY= LED 閃動      "; }
    if (ans.indexOf(" 彩燈展示 ")>=0) {test_led(); fans=1;  echo=ef[0]; }
   }//C2 com
}//ur1 藍牙連線
 }// while 1
}//loop
```

Memo

Google 聲控車

第一章介紹 APP Inventor 使用時，已經介紹如何使用手機聲控車展示程式來安裝執行檔，體驗聲控車相關實驗，很多初學者都玩過類似實驗，本章介紹此款 Google 聲控車設計過程。

10-1　設計理念

遙控車是許多大朋友，小朋友從小玩到大的玩具，無聊時可以拿出來把玩打發時間，或是增加工作靈感。對於學習 Arduino 相關專題製作應用，遙控車更是一項相當有趣的應用實驗，由設計簡單的 C 程式開始，設計出遙控移動平台，若增加各式控制模組，可以發展成為智慧小車，例如結合智慧手機的聲控功能來做實驗。

而智慧手機現在已成為居家生活重要的娛樂工具，及行動裝置應用平台，各式創意功能出現在生活中。應用手機做教材設計中，聲控車是很普遍的體驗課程，以手機遙控車子，更能增加學習樂趣及探索新的應用領域。

10-2　系統組成

整個系統由以下幾部分組成：

- **Arduino UNO 系統**：執行驅動程式。
- **Android 手機**：載入手機應用程式，遙控車子動作。
- **藍牙裝置**：連結 Arduino UNO 與 Android 手機。
- **車體機構**：實體車體。
- **控制模組**：如馬達驅動模組，驅動直流馬達轉動。

手機應用程式以 AI2 來設計，易學易修改，初學者專注在製作上，無須擔心手機端程式設計，只要有基礎操作能力，修改一下 C 程式，就可以建立以手機為基礎的聲控車實驗系統。

專題功能

手機遙控 Arduino 小車，基本功能如下：

- Arduino 連接藍牙與 Android 手機內建藍牙連線。

- 按下 RESET 鍵，LED 閃動，開機正常發出音效。

- 手機需與控制板先建立連線，然後才可遙控操作。

- 可以多支手機控制多台小車，同時一起遙控。

- 手機遙控器操作如下：

  - 方向控制：4 方向鍵控制，停止鍵發出音效
  - EF1 鍵：發出音效 1
  - EF2 鍵：發出音效 2
  - SONG 鍵：演奏歌曲
  - 結果鍵：説出聲控內容
  - 聲控鍵：啟動聲控

遙控車車體組成

遙控車的車體組裝所需零組件如圖 10-1 所示，由以下幾部分組成：

- **驅動器**：直流馬達模組（內含減速齒輪）當動力。

- **輪子**：專用輪子配合驅動器安裝。

- **前後輔輪**：圓形轉輪。

- **連結座**：用來固定驅動器用。

- **車體底盤**：以壓克力板來組裝。

■ **固定螺絲包**：做各部分零件的組裝及固定。

圖 10-1 車體組裝所需零組件

手機執行畫面

圖 10-2 是聲控車實作執行畫面照相，手機的安裝程式 APK 檔，需要先安裝在手機上，才能執行。手機本身就有聲控功能，因此就用手機功能來做聲控車控制，使用 AI2 系統內建的中文聲控功能，來做不特定語者聲控實驗，當辨認出結果後，發送信號到遙控車，實現低成本的聲控車控制實驗。圖 10-3 為手機聲控車拍照，圖 10-4 啟動聲控後的畫面。

 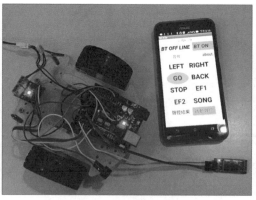 

圖 10-2 手機執行畫面　　　圖 10-3　手機聲控車拍照　　　圖 10-4 啟動聲控

電路設計

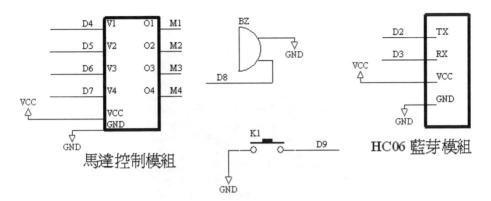

圖 10-5　聲控車控制電路

聲控車控制電路分為以下幾部分：

■　**按鍵**：測試功能，連到 D9。

■　**壓電喇叭**：聲響警示，連到 D8。

■　**馬達驅動模組**：驅動直流馬達轉動，由腳位 D4—D7 做控制。

■　**藍牙模組**：連到 Arduino 實驗板與手機建立連線。

　　專題中使用 9110 馬達控制模組，參考圖 10-6，可以同時控制輸出端兩路（A 組及 B 組）直流馬達動作，使用 9110S 晶片，工作電壓 3V~12V，0.8 安培，適合小型遙控車馬達驅動使用，輸入為 6 支腳位控制，腳位如下：

■　**VCC**：電源。

■　**GND**：地線。

■　**A-1A、A-1B**：A 組馬達控制輸入。

■　**B-1A、B-1B**：B 組馬達控制輸入。

兩支腳位一支高電位、一支低電位，高低電位切換，可以小信號輸入，驅動馬達正反方向轉動，兩支腳位都輸入低電位則停止轉動。

圖 10-6　馬達控制模組

10-3　Arduino 控制程式

Arduino 與手機建立連線是使用串列介面連接藍牙模組，只要藍牙模組與手機行動裝置配對成功後，通訊方式便是一般的串列介面傳送方式，內定通訊傳輸協定為（9600,8,N,1）。因此可以串列介面指令與手機做連線控制，當未接藍牙模組時，便可先行以串列介面指令測試遙控車動作。

本專題是以手機當作遙控器控制車體動作，由手機經由內建的藍牙模組發送指令出來，當 Arduino 與手機建立連線後，由串列介面接收指令，由程式來判斷做相關控制。為求簡化程式設計複雜性，藍牙模組發送指令以單一字元來表示，如 '0' 碼，要求執行發出單音測試音階功能。在程式主控迴圈中執行工作如下：

- 掃描藍牙信號。
- 掃描是否按下 K1 鍵，則執行車子行進測試功能。

■ 掃描串列介面是否出現有效指令，若有則進行比對處理：

- s 碼：演奏歌曲

- 0 碼：發出單音測試音階

- 1 碼或 f 碼：車體前進

- 2 碼或 b 碼：車體後退

- 3 碼或 l 碼：車體左轉

- 4 碼或 r 碼：車體右轉

- q 碼：發出音效 1

- a 碼：發出音效 2

- z 碼：發出音效 3

當未接藍牙模組時，可先行以串列介面指令測試遙控車動作。開啟串列介面監控視窗，程式執行後，系統顯示如下：

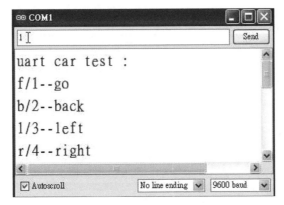

圖 10-7　未接藍牙模組時，以串列介面指令測試遙控車

程式執行後首先發出嗶聲，表示藍牙已經發出信號，手機端可以進行連線，做測試。若實驗時中斷連線，可以使用此技巧，按 RESET，聽到嗶聲，開始連線，較容易建立連線。

📟 程式 bca.ino

```
#include <SoftwareSerial.h>
SoftwareSerial ur1(2,3);
int led = 13;  // 設定 LED 腳位
int k1 = 9;  // 設定按鍵腳位
int bz=8;  // 設定喇叭腳位
#define de    150
#define de2   300
int out1=4, out2=5;
int out3=6, out4=7;
void setup()// 初始化設定
{
  ur1.begin(9600);
  pinMode(out1, OUTPUT);
  pinMode(out2, OUTPUT);
  pinMode(out3, OUTPUT);
  pinMode(out4, OUTPUT);
  digitalWrite(out1, 0);
  digitalWrite(out2, 0);
  digitalWrite(out3, 0);
  digitalWrite(out4, 0);
  pinMode(led, OUTPUT);
  pinMode(k1, INPUT);
  digitalWrite(k1, HIGH);
  pinMode(bz, OUTPUT);
  Serial.begin(9600);
  digitalWrite(bz, HIGH);
 }
/*---------------------------*/
void led_bl()//LED 閃動
 {
int i;
 for(i=0; i<2; i++)
  {
   digitalWrite(led, HIGH); delay(50);
   digitalWrite(led, LOW);  delay(50);
  }
}
//----------------------
void be()// 發出嗶聲
{
int i;
 for(i=0; i<100; i++)
```

```
      {
      digitalWrite(bz, HIGH); delay(1);
      digitalWrite(bz, LOW); delay(1);
      }
delay(100);
}
//----------------------------
void stop()// 停止
{
  digitalWrite(out1,0);
  digitalWrite(out2,0);
  digitalWrite(out3,0);
  digitalWrite(out4,0);
}
/*---------------------*/
void  go()// 前進
{
 digitalWrite(out1,1);
 digitalWrite(out2,0);
 digitalWrite(out3,0);
 digitalWrite(out4,1);
 delay(de);
 stop();
}
/*---------------------*/
void  back() // 後退
{
 digitalWrite(out1,0);
 digitalWrite(out2,1);
 digitalWrite(out3,1);
 digitalWrite(out4,0);
 delay(de);
 stop();
}
/*---------------------*/
void  left() // 左轉
{
  digitalWrite(out1,0);
  digitalWrite(out2,1);
  digitalWrite(out3,0);
  digitalWrite(out4,1);
  delay(de2);
  stop();
}
```

```
/*-----------------------*/
void right()// 右轉
{
  digitalWrite(out1,1);
  digitalWrite(out2,0);
  digitalWrite(out3,1);
  digitalWrite(out4,0);
  delay(de2);
  stop();
}
//---------------------------
void demo()// 展示
{
 go();  delay(500);
 back(); delay(500);
 left();  delay(500);
 right(); delay(500);
}
// 音調對應頻率值
int f[]={0, 523,  587,  659,  698, 784,  880, 987,
         1046, 1174, 1318, 1396, 1567, 1760, 1975};
void so(char n)  // 發出特定音階單音
{
 tone(bz, f[n],500);
 delay(100);
 noTone(bz);
}
//--------------------------------------
void test()// 測試音階
{
char i;
 so(1); led_bl();
 so(2); led_bl();
 so(3); led_bl();
}
//--------------------------------------
void song()// 演奏一段旋律
{
char i;
 so(3); led_bl();    so(5); led_bl();
so(5); led_bl();     so(3); led_bl();
so(2); led_bl();     so(1); led_bl();
}
//------------------------------
```

```
void ef1()// 救護車音效
{
int i;
 for(i=0; i<3; i++)
   {
    tone(bz, 500);  delay(300);
    tone(bz, 1000);  delay(300);
   }
   noTone(bz);
}
//-----------------------------
void ef2()// 音階音效
{
int i;
 for(i=0; i<10; i++)
   {
    tone(bz, 500+50*i);  delay(100);
   }
   noTone(bz);
}
//-----------------------------
void ef3()// 雷射槍音效
{
int i;
 for(i=0; i<30; i++)
   {
    tone(bz, 700+50*i);  delay(30);
   }
   noTone(bz);
}
//-----------------------------
void loop()// 主程式迴圈
{
int k1c;
int i,c;
stop();
be(); led_bl();be();
 Serial.println("uart car test : ");
 Serial.println("f/1--go   ");
 Serial.println("b/2--back ");
 Serial.println("l/3--left ");
 Serial.println("r/4--right");
// go();delay(1000); back();
   while(1)  // 無窮迴圈
```

```
  {
loop:
// 掃描是否有按鍵，有按鍵則做車子行進展示
  k1c=digitalRead(k1); if(k1c==0) {led_bl();be(); demo();be();}
  if (ur1.available() > 0)   // 藍牙模組收到指令
   { c=ur1.read();        // 讀取藍牙模組指令
    if(c=='f' || c=='1') { be(); go();     } // 前進
    if(c=='b' || c=='2') { be(); back();   }// 後退
    if(c=='l' || c=='3') { be(); left();   } // 左轉
    if(c=='r' || c=='4') { be(); right();  } // 右轉
    if(c=='0')   test(); // 單音測試音階
    if(c=='q')   ef1();// 救護車音效
    if(c=='a')   ef2();// 音階音效
    if(c=='z')   ef3();// 雷射槍音效
    if(c=='s')   song();// 演奏一段旋律
   }
  if (Serial.available() > 0) // 有串列介面指令進入
   { c= Serial.read();    // 讀取串列介面指令
    if(c=='f' || c=='1') { be(); go();     } // 前進
    if(c=='b' || c=='2') { be(); back();   }// 後退
    if(c=='l' || c=='3') { be(); left();   } // 左轉
    if(c=='r' || c=='4') { be(); right();  } // 右轉
    if(c=='0')   test(); // 單音測試音階
    if(c=='q')   ef1();// 救護車音效
    if(c=='a')   ef2();// 音階音效
    if(c=='z')   ef3();// 雷射槍音效
    if(c=='s')   song();// 演奏一段旋律
   }
  }//loop
}
```

10-4 手機遙控程式

　　手機遙控程式是手機程式設計教學中重要實驗項目，也是我最早測試的 AI2 程式設計之一，發現它的確是很有趣，應該有更大的應用空間，於是發展出較有系統化的通用設計方式，成為 RGOO 系統。本節先來看看手機遙控程式設計介紹，初學者有興趣可以參考最後章節，RGOO 積木系統設計做參考學習。

[畫面配置]

在配置中使用以下元件：

- 藍牙元件。

- 語音辨識器。

- 文字語音轉換器。

- 通知器。

- 清單選擇器。

- 標籤顯示訊息。

- 按鈕執行功能。

圖 10-8　手機畫面配置及資源

程式設計

一套聲控車程式碼的積木設計，大概分為幾部分：

■ 藍牙模組連線。

■ 手機按鍵控制車子遙控功能。

■ 啟動手機聲控功能。

■ 聲控後執行聲控車動作。

■ 聲控後説出結果。

■ 其他功能設定。

　　積木程式設計中，最重要的是藍牙的設定，因為一支手機可能連接很多藍牙的裝置，一旦藍牙的裝置有開啟，手機都會去掃描。掃描後只要有設定的名單，都會出現在名單中，但連線的時候，只有一個裝置會連上。為了方便連線，所有設定過的，都會出現在手機名單中，方便下回選取。

圖 10-9　手機藍牙連線功能設計

　　藍牙模組連線設計，參考圖 10-10，當按下連線時，手機會出現藍牙模組配對名單選取功能。當按下離線時，則將藍牙模組連線斷線，並顯示 "NO LINK"。已經配對成功的藍牙模組編號，會出現在系統藍牙模組配對名單中，出現配對名單選取功能後，若設定藍牙模組編號，實驗用藍牙模組編號為 HC06，並且連線成功後，則顯示 "LINK OK"，否則顯示 "LINK FAIL"。

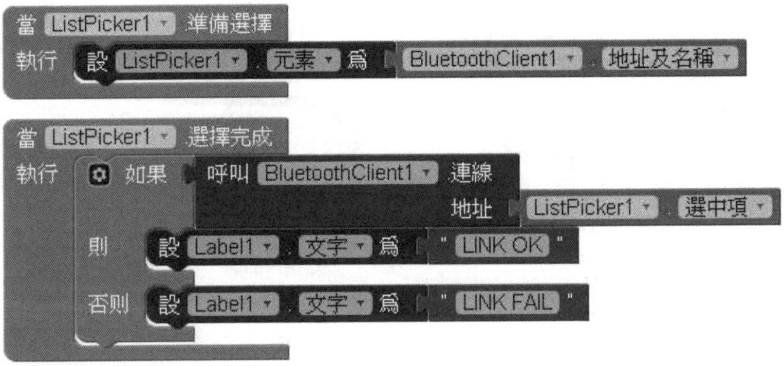

圖 10-10　藍牙模組配對名單功能設計

　　當藍牙模組連線成功後，便可以按下手機按鍵，執行車子遙控功能，按鍵功能如下：

- 前進：送出控制碼 f。
- 後退：送出控制碼 b。
- 左轉：送出控制碼 l。
- 右轉：送出控制碼 r。
- 停止：送出控制碼 0。
- 音效 1：送出控制碼 q。
- 音效 2：送出控制碼 a。
- 唱歌：送出控制碼 s。

圖 10-11　4 方向控制設計

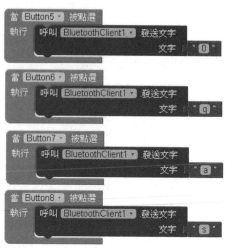

圖 10-12　其他功能指令設計

有關聲控的功能，使用內定的設定就可以直接做中文聲控，看是複雜的聲控功能，在設計中變得很簡單，只要呼叫內部的語音識別器，就可以執行聲控。

啟動手機聲控功能設計，聲控後執行聲控車動作。

圖 10-13　啟動手機聲控功能設計

圖 10-14　聲控後執行聲控車動作

　　一旦語音識別器辨識完成後會送回結果，便是我們所要的中文聲控命令，送回的結果當中，進一步判斷是不是我們要的聲控命令，不同的聲控命令可以達到不同的聲控執行效果，常見的就是 4 個方向的控制。當辨認完成後，會說出辨認結果。聲控指令設計如下：

■ **音效**：送出控制碼 q，車子發出音效。

■ **前進**：送出控制碼 f，車子前進。

■ **後退**：送出控制碼 b，車子後退。

■ **左轉**：送出控制碼 l，車子左轉。

■ **右轉**：送出控制碼 r，車子右轉。

　　聲控後說出結果，按下聲控結果，會說出語音，如果為指令──音效，則會經由藍牙模組送出控制碼，使聲控車發出音效。其他功能 [關於鍵] 設計，按下 [關於鍵]，顯示 "AI2 Design Vc car" 做提示說明。

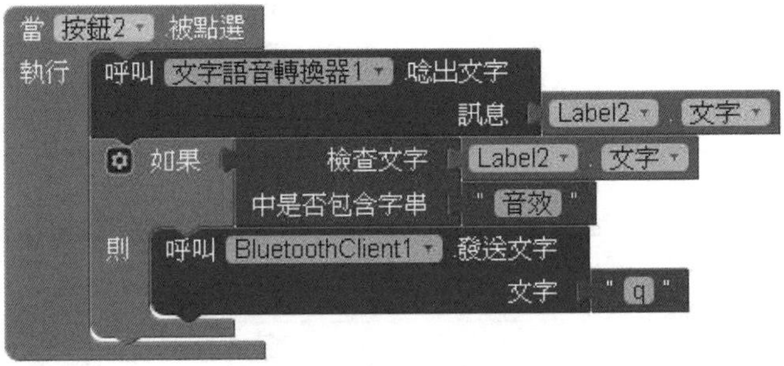

圖 10-15　聲控後說出結果

圖 10-16　關於鍵設計

Memo

遙控 Google 聲控車

CHAPTER

上一章是以手機來當遙控器遙控車子動作，當 RGOO 功能設計出來後，我將它改裝為以遙控器遙控 Google 手機，搭載 RGOO 標準積木程式，將手機放在車上，可以像一般遙控器操作車子動作，可以遙控啟動聲控、語音互動功能測試，本章介紹這樣子的功能測試。

11-1 設計理念

使用 RGOO 設計專題優點之一，是以遙控器啟動 Android 手機動作，對於遙控車實驗，可以使用雙模測試，一種是拿著手機做聲控，做近端聲控。另外一種是將手機放在遙控車上面，用遙控器在聲控可控制的範圍內，遙控啟動手機聲控做遠端聲控，適合不同情境做實驗。

如此一來可將手機變成聲控機器人的移動平台，書中已經支援許多應用實驗，也可以在手機上，輕鬆地修改 RGOO 程式，繼續探索更多有趣聲控機器人應用。搭載 RGOO 系統程式，無須修改手機程式，只要有基礎操作能力，直接修改 C 程式改聲控應用或是送出控制指令，例如驅動手機做音效控制。

11-2 系統組成

整個系統由以下幾部分組成：

■ **Arduino UNO 系統**：執行驅動程式。

■ **Android 手機**：載入手機應用程式 RGOO。

■ **藍牙裝置**：連結 Arduino UNO 與 Android 手機。

■ **車體機構**：實體車體。

■ **控制模組**：如馬達驅動模組，驅動直流馬達轉動。

■ **遙控器**：遙控啟動手機。

專題功能

專題基本功能如下：

■ 以遙控器遙控車子動作。

■ 以遙控器啟動手機執行功能。

■ 可以遙控車子行進，或是啟動音效互動。

■ 可以應用網路資源做音效控制。

■ 語音互動聲控實驗。

■ 適合近端、遠端聲控。

　　專題中將手機放在遙控車上，可以使用遙控器操作車子動作，也可以遙控手機啟動聲控、語音互動功能測試。手機上遙控程式，可以直接使用 RG00 引擎，完全無須修改做控制實驗。有關音效產生實驗，沿用第 7 章網路免費資源，使用者可以依需要選用更多音效來做實驗。想新增加功能，可以先用 Arduino C 程式做修正測試，若無法達成才修改積木程式，想了解積木程式，可以參考最後章節解說。

手機執行畫面

手機的安裝程式 APK 檔，需要先安裝在手機上，才能執行。手機本身就有聲控功能，因此就用手機功能來做聲控車控制，使用 AI2 系統內建的中文聲控功能，來做不特定語者聲控實驗，當辨認出結果後，發送信號到遙控車，實現低成本的聲控車控制實驗。

圖 11-1　手機執行畫面

電路設計

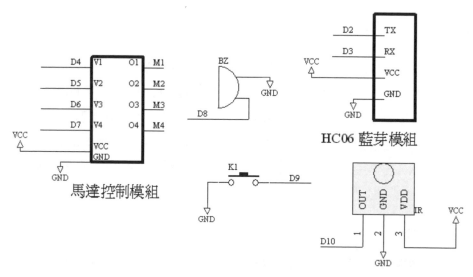

圖 11-2　遙控聲控車控制電路

遙控聲控車控制電路分為以下幾部分：

■ **按鍵**：測試功能，連到 D9。

■ **壓電喇叭**：聲響警示，連到 D8。

■ **馬達驅動模組**：驅動直流馬達轉動，由腳位 D4—D7 做控制。

- **遙控器接收模組**：接收遙控器信號，由腳位 D10 輸入。
- **藍牙模組**：連到 Arduino 實驗板與手機建立連線。

　　藍牙模組與 Arduino 實驗板連接，可以參考第 3 章說明。當電源加入時，壓電喇叭會發出嗶聲做簡單測試功能。

11-3　Arduino 控制程式

　　有關音效產生實驗，沿用第 7 章網路免費資源，使用者可以依需要選用更多音效來做實驗。想新增加功能，可以先用 Arduino C 程式做功能修改。程式檔名為 URG_bca2.ino。程式設計主要分為以下幾部分：

- 壓電喇叭驅動發出音效。
- 控制馬達 4 方向動作。
- 偵測按鍵按下則啟動車子展示動作。

　　迴圈掃描是否有遙控器按鍵信號，並判讀是否為有效按鍵，執行動作如下：

- 數字 1：前進。
- 數字 2：後退。
- 數字 3：左轉。
- 數字 4：右轉。
- 數字 5：前進、後退、左轉、右轉展示。
- 數字 8：啟動聲控功能。

　　迴圈中，先讀取藍牙指令，判斷手機若是在待機狀態 1 時，btc 值為 1，可以輸出資料，設計如下：

```
if(btc==1) { // 手機於狀態 1 輸出語音
 // 有取得新聲控結果，輸出應答語音
 if(fans==1) { ur1.print(echo); fans=0; }
  if(fkey==1) { fkey=0; // 清除遙控器旗號
// 遙控器按鍵後，執行動作
   if(key==1) {ur1.print("SAY= 前進 "); go();}
   if(key==2) {ur1.print("SAY= 後退 "); back();}
   if(key==3) {ur1.print("SAY= 左轉  "); right();}
   if(key==4) {ur1.print("SAY= 右轉 "); left();}
   if(key==5) demo1();
   if(key==8) ur1.print("GVC 啟動聲控"); } }
```

在手機於狀態 1 時，也可以偵測按鍵，輸出語音、音效，設計如下：

```
if(btc==1) { // 手機於狀態 1 輸出語音
if(digitalRead(k1)==0) { // 有偵測到按鍵
  digitalWrite(led,1); //LED 燈亮起
  ur1.print(ef1_lk);// 產生音效
  demo(); // 車子展示動作
 digitalWrite(led,0); // LED 燈熄滅
 ur1.print("SAY= 遙控 Google"); } } // 說出語音
```

ur1.print() 功能是送出資料給手機執行動作，須等待大於 1 秒鐘時間，等手機執行完工作後，才能繼續執行 ur1.print() 動作，因此 ur1.print（ef1_lk）送出資料給手機，產生音效，執行 demo() 車子展示動作時，製造延遲時間再執行 ur1.print() 說出語音內容。

同理迴圈中，讀取藍牙指令，判斷手機若是在待機狀態 2 時取得聲控結果，btc 值為 2，可以輸出語音資料做回應，設計如下：

```
if(btc==2){
fans=0; ans=ur1.readString();// 讀取答案
  Serial.print(">");Serial.println(ans);// 電腦顯示聲控結果
// 過濾聲控結果做語音回應
  if (ans.indexOf("LED")>=0) {led_bl(); led_bl();led_bl();
    fans=1; echo="SAY= LED 閃動  "; }
  if (ans.indexOf(" 前進 ")>=0)
  { fans=1; echo="SAY= 前進  "; go(); be(); }  }
```

程式 URG_bca2.ino

```
#include <SoftwareSerial.h> // 宣告額外串列介面
SoftwareSerial ur1(2,3); //D2 接收，D3 傳送
#include <rc95a.h> // 引用紅外線遙控器解碼程式庫
// 遙控器解碼值
#define D0 22
#define D1 12
#define D2 24
#define D3 94
#define D4 8
#define D5 28
#define D6 90
#define D7 66
#define D8 82
#define D9 74
String ans,echo; // 聲控結果及回應內容
bool fans; // 旗號已取得聲控結果
bool fkey; // 旗號已取得按鍵值
char key; // 按鍵值
char btc; // 接收資料
// 音效連結點
String ef1_lk="https://taira-komori.jpn.org/sound_os2/game01/button01a.mp3";
//--------------------------------
int cir=10; // 設定紅外線遙控器解碼控制腳位
int led=13; // 設定 LED 腳位
int k1=9;   // 設定按鍵腳位
int bz=8;   // 設定喇叭腳位
#define de   150 // 延遲 1
#define de2  300// 延遲 2
int out1=4, out2=5;// 馬達 1 控制腳位
int out3=6, out4=7;// 馬達 2 控制腳位
void setup()// 初始化設定送出連線藍牙信號
{
  ur1.begin(9600);  Serial.begin(9600);
  pinMode(out1, OUTPUT);  pinMode(out2, OUTPUT);
  pinMode(out3, OUTPUT);  pinMode(out4, OUTPUT);
  digitalWrite(out1, 0);  digitalWrite(out2, 0);
  digitalWrite(out3, 0);  digitalWrite(out4, 0);
  pinMode(cir, INPUT);  pinMode(led, OUTPUT);
  pinMode(k1, INPUT);    digitalWrite(k1, HIGH);
  pinMode(bz, OUTPUT);  digitalWrite(bz, LOW);
  be(); Serial.println("Be to link BT!");
 }
/*--------------------------------*/
void led_bl()//LED 閃動
{
```

```
int i;
 for(i=0; i<2; i++)
  {
   digitalWrite(led, HIGH); delay(50);
   digitalWrite(led, LOW);  delay(50);
  }
}
//----------------------------------
void be()   // 發出嗶聲
{
int i;
 for(i=0; i<100; i++)
  {
   digitalWrite(bz, HIGH); delay(1);
   digitalWrite(bz, LOW); delay(1);
  }   delay(100);
}
//--------------------
void stop()// 停止
{
  digitalWrite(out1,0);  digitalWrite(out2,0);
  digitalWrite(out3,0);  digitalWrite(out4,0);
}
//-----------------------------------------
void go()// 前進
{
digitalWrite(out1,1); digitalWrite(out2,0);
 digitalWrite(out3,0); digitalWrite(out4,1);
 delay(de);    stop();
}
//-----------------------------------------
void back()// 後退
{
digitalWrite(out1,0); digitalWrite(out2,1);
 digitalWrite(out3,1); digitalWrite(out4,0);
 delay(de); stop();
}
//-----------------------------------------
void right()// 右轉
{
  digitalWrite(out1,1);  digitalWrite(out2,0);
  digitalWrite(out3,1);  digitalWrite(out4,0);
  delay(de2);       stop();
}
//-----------------------------------------
void left()// 左轉
{
```

```
  digitalWrite(out1,0);   digitalWrite(out2,1);
  digitalWrite(out3,0);   digitalWrite(out4,1);
  delay(de2);            stop();
}
//---------------------------------------
void demo()// 展示
{
 be(); go(); delay(500);
 back();   delay(500);
 left();   delay(500);
 right();  delay(500); be();be();
}
//-------------------------------------------------
void loop()// 主程式
{
int i,c;
 while(1)
  {
// 掃描是否出現紅外線信號
   no_ir=1;   ir_ins(cir);
   if(no_ir==1) goto loop;
// 發現紅外線信號
   led_bl();   rev();
   for(i=0; i<4; i++)
    { c=(int)com[i];  Serial.print(c);  Serial.print(' ');    }
   Serial.println();// delay(100);
   fkey=0;
// 設定按鍵值
   if(com[2]==D1) {key=1; fkey=1;be(); led_bl();    }
   if(com[2]==D2) {key=2; fkey=1;be(); led_bl();    }
   if(com[2]==D3) {key=3; fkey=1;be(); led_bl();    }
   if(com[2]==D4 ){key=4; fkey=1;be(); led_bl();    }
   if(com[2]==D5) {key=5; fkey=1;be(); led_bl();    }
   if(com[2]==D6) {key=6; fkey=1; be(); led_bl();   }
   if(com[2]==D7) {key=7; fkey=1;be(); led_bl();    }
   if(com[2]==D8) {key=8; fkey=1;be(); led_bl();    }
   if(com[2]==D9) {key=9; fkey=1;be(); led_bl();    }
   if(com[2]==D0) {key=0; fkey=1; be(); led_bl();   }
//---------------------------------------------
loop:
// 讀取 BT 指令
if(ur1.available())
 {
  btc=ur1.read();// 讀取 BT 指令
  if(btc==1) { // 手機於狀態 1 輸出語音
  if(fans==1) { ur1.print(echo); fans=0; }
  if(fkey==1) {  fkey=0;
```

```
//============================
      if(key==1) {url.print("SAY= 前進 "); go();}
      if(key==2) {url.print("SAY= 後退 "); back();}
      if(key==3) {url.print("SAY= 左轉  "); left();}
      if(key==4) {url.print("SAY= 右轉 "); right();}
      if(key==5) demo1();
      if(key==8) url.print("GVC 啟動聲控 ");
      }// 遙控啟動 ==============
// 鍵盤測試 = 指令設計
   if ( Serial.available() > 0)
     { c=Serial.read(); led_bl();
       if(c=='9'){ Serial.println("TEST 9..."); demo1();}
     }
// 按鍵測試
if(digitalRead(k1)==0) {
  digitalWrite(led,1);   url.print(ef1_lk);
  demo(); digitalWrite(led,0); url.print("SAY= 遙控 Google");      }
  }//C1 com
// 手機狀態 2----
if(btc==2){
  fans=0; ans=url.readString();// 讀取答案
  Serial.print(">");Serial.println(ans);// 電腦顯示聲控結果
  if (ans.indexOf("LED")>=0) {led_bl(); led_bl();led_bl();
    fans=1; echo="SAY= LED 閃動  "; }
  if (ans.indexOf(" 前進 ")>=0)
  { fans=1; echo="SAY= 前進  "; go(); be(); }
  if (ans.indexOf(" 後退 ")>=0)
  { fans=1; echo="SAY= 後退  "; back(); be(); }
  if (ans.indexOf(" 左轉 ")>=0)
  { fans=1; echo="SAY= 左轉  "; left( ); be(); }
  if (ans.indexOf(" 右轉 ")>=0)
  { fans=1; echo="SAY= 右轉  "; right(); be(); }
        }//C2 com============
 }//ur1
}//while(1)
}
//-----------------------------
void demo1()// 展示 1
{
  digitalWrite(led,1);   url.print(ef1_lk);
  demo(); digitalWrite(led,0); url.print("SAY= 遙控 Google");
}
//-------------
void demo_go()// 前進展示
{
 digitalWrite(led,1);   url.print(ef1_lk);
 go(); digitalWrite(led,0); url.print("SAY= 前進 ");
}
```

Arduino 讀稿機

RGOO 主要功能是遙控、語音互動功能，因此可以輕易應用於程式教學、讀出語音內容上，成為可以程式控制的讀稿應用上，實際可以當作教學機、上課教學資料的收集及應用，本章做這樣子的一個實驗。

12-1 　設計理念

語音辨認系統測試結果令人滿意，就可以聲控應用下達指令，加上合成可以語音應答處理，應用之一就是教學資料整理及教學應用，實際做出來，RGOO 就是通用工具，適合工程師、老師做工具使用，輕鬆完成手上的相關實驗計畫，於是建構 RGOO。當現有的工具已經建構完成，再來就是做出口的應用，譬如說教學應用就是很好的出口，如教材準備，或是教學的問答上面就是很好的應用了。

RGOO 主要功能是遙控、語音互動功能，輕易處理人機介面，例如按下某一個按鍵，就可以輸出一段語音，遙控器上面有很多按鍵，可以在適當的時機說出多句語音，方便我們做情境處理或是對答應用。當然你也可以把它改成感應的方式，就不需要按鍵或是觸控了。同樣的介面可以用在啟動方面，只要靠近感應器，就不需要觸控手機後才能啟動聲控。

12-2 　系統組成

系統由以下幾部分組成：

■ **Arduino UNO 系統**：設計自己的 C 控制程式。

■ **Android 手機**：搭載 RGOO 系統，說出語音。

■ **藍牙裝置**：連結 Arduino UNO 與 Android 手機。

■ **讀稿機文字資料**：系統要説出的內容。

■ **遙控器**：設定功能或是遙控 RGOO 系統。

使用者可以專注在製作自己的讀稿機內容資料庫，無須擔心手機程式設計、搭載 RGOO 系統程式，只要有基礎操作能力，修改一下 C 程式，就可以建立以手機為基礎的聲控點歌系統，學程式設計的優點之一，創造、應用於工作或是教學上。

利用教授 Arduino 課程當中這些標準零組件工具，就可以做成一套相關的語音教材或是讀稿機，然後把相關的知識放進去，上課的時候就可以播放出來，達到最佳教學效果。

┌─────────┐
│ **專題功能** │
└─────────┘

專題基本功能如下：

■ 以 Arduino 手機當作控制平台，輸出語音。

■ 利用 RGOO 系統設計。

■ 語音輸出，由自建語音資料文件中選出。

■ 可按鍵、遙控啟動輸出語音。

■ 按下遙控器後，可以分段遙控輸出語音。

■ 在 Arduino 系統 C 程式中，自建語音讀稿內容。

在專題中用 Arduino 藍牙連線手機，啟動手機輸出語音。手機程式可以直接使用 RGOO 引擎，完全無須修改做控制實驗。想新增加功能，可以先用 Arduino C 程式做修正測試，若無法達成，才修改積木程式，想了解積木程式，可以參考最後章節解説。圖 12-1 為執行畫面，用手機可以做遙控輸出語音實驗。

圖 12-1　執行畫面

圖 12-2　讀稿機實作

電路設計

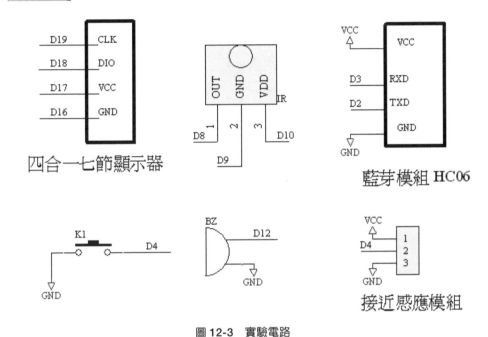

圖 12-3　實驗電路

控制電路分為以下幾部分：

■ **按鍵**：測試功能，連到 D4，或是使用接近感應器。

■ **壓電喇叭**：聲響警示，連到 D12。

■ **遙控接收模組**：接收遙控信號，連到 D8，參考第 9 章說明。

■ **七節顯示器**：連到 D16--D19，參考第 9 章說明。

■ **藍牙模組**：連到 Arduino 實驗板與手機建立連線。

　　藍牙模組與 Arduino 實驗板連接，可以參考第 3 章說明。當電源加入時，壓電喇叭會發出嗶聲做簡單測試功能。

12-3 Arduino 控制程式

前面介紹中，已經談過如何找出網路歌曲影片連結資料，整理好成資料庫，當聲控點歌，由 C 程式中過濾歌曲名稱，由資料庫中選出。相同原理用來設計讀稿機。程式設計主要分為以下幾部分：

■ 語音資料庫設計。

■ 藍牙偵測。

■ 壓電喇叭驅動發出音效。

■ 藍牙動作指令定義與判別。

■ 說出語音內容。

■ 偵測按鍵按下則啟動測試。

例如測試資料庫如下：

■ 您好，今天由我遙控 Google 來介紹我自己。

■ 遙控 Google，引擎使用 A I two 來設計。

🖳 轉入程式陣列

```
char   txt[txt_no][80]={"SAY=0 遙控 Google，播放結束 ",
        "SAY=1 您好，今天由我遙控 Google 來介紹我自己 ",
        "SAY=2 遙控 Google，引擎使用 A I two 來設計 ",

遙控器按鍵程式設計片段程式碼：
btc=ur1.read();// 讀取指令
  if(btc==1) { // 指令 c1== 輸出語音
  if(fans==1) { ur1.print(echo); fans=0; }
  if(fkey==1) {   fkey=0;  // 順序讀稿
      if(key==0){ co=0;  ur1.print(txt[co]);
                  display.print(co); led_bl(); }
      if(key==1) ur1.print("SAY=0 您好，");
      if(key==2) ur1.print("SAY=1 遙控 Google，");
```

```
    if(key==10) // 讀稿機順序讀稿
        { url.print(txt[co]); led_bl();  }
      }// 遙控啟動
```
可以先用鍵盤按鍵測試，選擇語音段：
```
  if ( Serial.available() > 0) {
    c=Serial.read(); led_bl();// 順序讀稿
    if(c=='1') {co++; url.print(txt[co]); led_bl();
              if(co==txt_no) co=0; display.print(co); }
    if(c=='2') url.print(txt[2]);
    if(c=='3') url.print(txt[3]);
```

　　在此專題中，用手機讀稿，只需一次上傳積木程式到雲端，修改自己藍牙地址相關資料，可以長久使用。隨時可以直接修改電腦端 Arduino 內容資料，可以設計出自己的讀稿機系統。可用監控介面鍵盤按鍵測試，可以自動語音輸出，遙控按鍵 [CH-] 順序讀稿。

💻 程式 URG_R.INO

```
// 遙控器解碼值
#define DR 69 //CH-
#define D0 22
#define D1 12
#define D2 24
#define D3 94
#define D4 8
#define D5 28
#define D6 90
#define D7 66
#define D8 82
#define D9 74
#define txt_no 10
char  txt[txt_no][80]={"SAY=0 遙控 Google，播放結束 ",
        "SAY=1 您好，今天由我遙控 Google 來介紹我自己 ",
        "SAY=2 遙控 Google，引擎使用 A I two 來設計 ",
        "SAY=3 可程式化設計，支援 e s p 3 2、阿丟若、8 0 5 1 C 語言 ",
        "SAY=4 需要藍牙模組，阿丟若使用 H C 0 6 ",
        "SAY=5 一支 R C 3 7 遙控器，一支手機，安裝遙控 Google 引擎 ",
        "SAY=6 一套阿丟若系統 ",
        "SAY=7 如此一來 4 步驟可以準備拍片囉 ",
        "SAY=8 1 寫手稿，2 以手機將讀稿轉為文字 3 將文字轉入系統 ",
        "SAY=9 4 讓 Google 來幫你講稿，以上介紹，感謝觀看，後會有期 "
```

```
        };
#include <SoftwareSerial.h> // 宣告額外串列介面
SoftwareSerial ur1(2,3); //D2 接收，D3 傳送
String ans,echo; // 聲控結果及回應內容
bool fans; // 旗號已取得聲控結果
bool fkey; // 旗號已取得按鍵值
char key; // 按鍵值
char btc; // 接收資料
int co=0; // 讀稿計數
//EAR IR 電源連接 -----------------------------
int v5=10; int gnd=9;
int cir =8; // 設定紅外線遙控器解碼控制腳位
int v5_seg=17; int  gnd_seg=16; // 顯示器電源連接
//-------------------------
#include <rc95a.h>// 引用紅外線遙控器解碼程式庫
#include "SevenSegmentTM1637.h" // 引用七節顯示器程式庫
int PIN_CLK =19;// 七節顯示器 CLK 腳位
int PIN_DIO =18; // 七節顯示器 DIO 腳位
SevenSegmentTM1637 display(PIN_CLK, PIN_DIO);
int led=13;//LED
int bz=12; // 壓電喇叭
char mess[]="1234";
//-------------------------------------
void setup() {// 初始化設定
//IR 電源連接
  pinMode(v5, OUTPUT);   pinMode(gnd, OUTPUT);
  digitalWrite(v5, HIGH);   digitalWrite(gnd, LOW);
// 七節顯示器電源設定
  pinMode(v5_seg, OUTPUT);   pinMode(gnd_seg, OUTPUT);
  digitalWrite(v5_seg, HIGH);   digitalWrite(gnd_seg, LOW);
  delay(1000);
  Serial.begin(9600); ur1.begin(9600);
  pinMode(led, OUTPUT);
  pinMode(cir, INPUT);
  pinMode(bz, OUTPUT);
  digitalWrite(bz, LOW);
  display.begin();
  display.setBacklight(100);
  display.print(co);
  be();   Serial.println("Be to link RGOO BT!");
}
//-----------------------------------
void led_bl()//LED 閃動
{
int i;
 for(i=0; i<2; i++)
```

```
   {
   digitalWrite(led, HIGH); delay(150);
   digitalWrite(led, LOW); delay(150);
   }
}
//--------------------------------
void be()// 發出嗶聲
{
int i;
 for(i=0; i<100; i++)
   {
   digitalWrite(bz, HIGH); delay(1);
   digitalWrite(bz, LOW); delay(1);
   }
 delay(10);
}
//--------------------------------------------------
void loop()// 主程式
{
char lf=0;
int i,c, co=0;
led_bl();be();
 while(1)
   {
// 掃描是否出現紅外線信號
   no_ir=1;
   ir_ins(cir);
   if(no_ir==1) goto loop;
// 發現紅外線信號
   led_bl();
   rev();
   for(i=0; i<4; i++)
    {
     c=(int)com[i];
     Serial.print(c);
     Serial.print(' ');
    }
   Serial.println();// delay(100);
   fkey=0;
// 設定按鍵值
   if(com[2]==D1) {key=1; fkey=1;be(); led_bl();     }
   if(com[2]==D2) {key=2; fkey=1;be(); led_bl();     }
   if(com[2]==D3) {key=3; fkey=1;be(); be();         }
   if(com[2]==D4 ){key=4; fkey=1;be(); led_bl();     }
   if(com[2]==D5) {key=5; fkey=1;be(); led_bl();     }
   if(com[2]==D6) {key=6; fkey=1; be();be();         }
```

```
   if(com[2]==D7) {key=7; fkey=1;be(); led_bl();    }
   if(com[2]==D8) {key=8; fkey=1;be(); led_bl();    }
   if(com[2]==D9) {key=9; fkey=1;be(); be(); led_bl();    }
   if(com[2]==D0) {key=0; fkey=1;}
   if(com[2]==DR) {key=10; fkey=1; co++; if(co==txt_no) co=0;
     // 順序讀稿按下
   display.print(co);   }
//-----------------------------------------------
loop:
// 讀取 BT 指令
if(ur1.available())
 {
  btc=ur1.read();// 讀取指令
  if(btc==1) {  // 指令 c1== 輸出語音
  if(fans==1) { ur1.print(echo); fans=0; }
  if(fkey==1) {   fkey=0;
//=============================
      if(key==0){ co=0;  ur1.print(txt[co]);
          display.print(co); led_bl(); }
      if(key==1) ur1.print("SAY=0 您好，");
      if(key==2) ur1.print("SAY=1 遙控 Google，");
      if(key==3) ur1.print("SAY=2 可程式化設計來遙控 Google ");
      if(key==8) ur1.print("GVC 啟動聲控 ");
      if(key==9) ur1.print("http://vic8051.idv.tw/pgs.htm");
      if(key==10) // 讀稿機
          { ur1.print(txt[co]); led_bl();   }
              }// 遙控啟動
// 鍵盤測試
   if ( Serial.available() > 0) {
      c=Serial.read(); led_bl();
      if(c=='1') {co++; ur1.print(txt[co]); led_bl();
                if(co==txt_no) co=0; display.print(co); }
      if(c=='2') ur1.print(txt[2]);
      if(c=='3') ur1.print(txt[3]);
      if(c=='4') ur1.print(txt[4]);
      if(c=='5') ur1.print(txt[5]);
      if(c=='6') ur1.print(txt[6]);
      if(c=='7') ur1.print(txt[7]);
      if(c=='8') ur1.print(txt[8]);
      if(c=='9') ur1.print(txt[9]);
      }// 鍵盤測試 ====
   }//C1 key msy
//================================
 }//ur1 BT
//-----------------------------------------------
  }//while(1)
}
```

Arduino 聲控計時器

CHAPTER

有效學習與工作，對時間的掌控就是關鍵，常須設定一些時間限制功能，有限時間內完成，此時計時器就很重要。有了 RGOO 後，若能用說的來設定，就很方便了。單機可以執行，需要語音、聲控也可以連線 RGOO，本章做這樣子的一個實驗。

13-1 設計理念

倒數計數器應用廣泛，例如放在家中使用，煮泡麵，煮開水，小睡片刻，看電視休息一下，做一小段時間計時。例如放在實驗室中使用，做一小段時間實驗製程的計時通知，過來觀察結果等應用。當倒數計時終了發出嗶聲提示，通知倒數結束，該做些重要的事了。本章以 Arduino 結合七節顯示器及手機，設計一個 Arduino 互動聲控倒數計時器。

除了以七節顯示器來設計一款倒數時間機器，並有簡化配線方法，晚上使用清晰可見，並且增加夜燈及鬧鐘功能，其中以遙控器設定倒數時間，加入聲控及語音回應功能更人性化，還可以擴充聲控命令設定及回應。

遙控器上面有很多按鍵，已經可以設定多組時間倒數。若使用聲控功能，可以更人性化直覺設定或是語音提示，只需連線 RGOO，語音、聲控搞定。

13-2 系統組成

系統由以下幾部分組成：

■ **Arduino UNO 系統**：設計自己的 C 控制程式。

■ **Android 手機**：搭載 RGOO 系統，說出語音。

■ **藍牙裝置**：連結 Arduino UNO 與 Android 手機。

■ **遙控器**：設定時間或是遙控 RGOO 系統。

使用者就可以專注在製作我的最愛資料庫,無須擔心手機程式設計、搭載 RGOO 系統程式,只要有基礎操作能力,修改一下 C 程式,就可以建立以手機為基礎的聲控點歌系統,學程式設計的優點之一,創造生活 DIY 樂趣。

[專題功能]

專題基本功能如下:

■ 以 Arduino 手機當作控制平台,聲控設定。

■ 利用 RGOO 系統設計。

■ 可於 C 程式中設定聲控關鍵字及倒數時間。

■ 可輸出語音訊息。

■ 可按鍵、遙控啟動聲控倒數時間。

■ 設計有夜燈及鬧鐘設定。

在專題中用 Arduino 藍牙連線手機,啟動手機聲控功能。手機聲控後,說出、顯示聲控結果,回傳聲控結果到 Arduino UNO。若聲控結果出現在資料庫中,則啟動倒數時間。手機程式,可以直接使用 RGOO 引擎,完全無須修改做控制實驗。想新增加功能,可以先用 Arduino C 程式做修正測試,若無法達成,才修改積木程式,想了解積木程式,可以參考最後章節解說。

圖 13-1　執行畫面

圖 13-2　說出休息一下,倒數 10 分鐘

圖 13-3　倒數計時器實作

電路設計

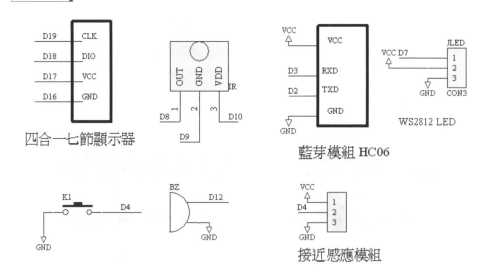

圖 13-4　實驗電路

控制電路分為以下幾部分：

■ **按鍵**：測試功能，連到 D4，或是使用接近感應器。

■ **壓電喇叭**：聲響警示，連到 D12。

■ **遙控接收模組**：接收遙控信號，連到 D8，參考第 9 章說明。

■ **七節顯示器**：連到 D16--D19，參考第 9 章說明。

■ **藍牙模組**：連到 Arduino 實驗板與手機建立連線。

■ **彩燈模組**：彩燈控制，連到 D7。

藍牙模組與 Arduino 實驗板連接，可以參考第 3 章說明。當電源加入時，壓電喇叭會發出嗶聲做簡單測試功能。

13-3　Arduino 控制程式

系統可以使用遙控切換設定時間，或是聲控設定，程式設計主要分為以下幾部分：

■ 聲控資料庫設計。

■ 藍牙偵測。

■ 壓電喇叭驅動發出音效。

■ 藍牙動作指令定義與判別。

■ 說出語音內容。

■ 遙控偵測按鍵按下則啟動時間倒數。

■ 聲控後啟動時間倒數。

其中聲控指令如下：

- **指令**：説出有效聲控指令。
- **泡麵**：時間倒數 5 分鐘。
- **麵包加熱**：時間倒數 5 分鐘。
- **休息一下**：時間倒數 10 分鐘。
- **煮飯**：時間倒數 20 分鐘。
- **1 分鐘**：時間倒數 1 分鐘。
- **1 小時**：時間倒數 60 分鐘。
- **鬧鐘通知**：倒數 5 小時。
- **開夜燈**：LED 亮燈。
- **關夜燈**：關 LED 燈。

遙控器功能鍵如下：

- **按鍵 1**：時間倒數 5 分鐘。
- **按鍵 2**：時間倒數 10 分鐘。
- **按鍵 3**：時間倒數 20 分鐘。
- **按鍵 4**：時間倒數 30 分鐘。
- **按鍵 5**：時間倒數 40 分鐘。
- **按鍵 6**：時分顯示與分秒顯示切換。
- **按鍵 7**：時間倒數 80 分鐘。
- **按鍵 8**：設定鬧鐘倒數 5 小時。
- **按鍵 9**：LED 亮燈。
- **按鍵 0**：關 LED 燈。

🖥 程式 URG_TDO.INO

```
// 遙控器解碼值
#define D0 22
#define D1 12
#define D2 24
#define D3 94
#define D4 8
#define D5 28
#define D6 90
#define D7 66
#define D8 82
#define D9 74
#include <rc95a.h> // 引用紅外線遙控器解碼程式庫
#include <SoftwareSerial.h>   // 宣告額外串列介面
SoftwareSerial ur1(2,3); //D2 接收，D3 傳送
String ans,echo; // 聲控結果及回應內容
bool fans; // 旗號已取得聲控結果
bool fkey; // 旗號已取得按鍵值
char key; // 按鍵值
char btc; // 接收資料
String menu="SAY= 目前時間指令：泡麵、麵包加熱、休息一下、煮飯、鬧鐘設定、1 分鐘、1 小
時、開夜燈、關夜燈   ";
//EAR IR 電源連接 ------------------------------------
int v5=10; int gnd=9;
int cir =8; // 設定紅外線遙控器解碼控制腳位
int v5_seg=17; int  gnd_seg=16;    // 七節顯示器電源腳位
int aled=7; //LED
//---------------------------
#include <WS2812.h> // 引用 LED 程式庫
#define no 8        //LED 8 燈
WS2812 LED(no);    //LED 宣告
cRGB value; //LED RGB 數值
//LED 顏色定義
#define white  0
#define red    1
#define green  2
#define blue   3
#define din    4
#define pur    5
#define yel    6
#define gray   7
```

```cpp
#define MS 1000
// 引用七節顯示器程式庫
#include "SevenSegmentTM1637.h"
int PIN_CLK =19; // 七節顯示器 CLK 腳位
int PIN_DIO =18;// // 七節顯示器 DIO 腳位
SevenSegmentTM1637 display(PIN_CLK, PIN_DIO);
int led=13;//LED
int bz=12; // 壓電喇叭
int hh=0, mm=59, ss=10;
unsigned long ti=0;
char mess[]="1234";
char mode=0;//mm:ss  mode=1 hh:mm
//-------------------------------------
void setup() {// 初始化設定
// 電源連接
  pinMode(v5, OUTPUT);    pinMode(gnd, OUTPUT);
  digitalWrite(v5, HIGH);digitalWrite(gnd, LOW);
// 七節顯示器電源設定
  pinMode(v5_seg, OUTPUT);    pinMode(gnd_seg, OUTPUT);
  digitalWrite(v5_seg, HIGH);digitalWrite(gnd_seg, LOW);
//led 電源設定
  pinMode(v5_aled, OUTPUT);    pinMode(gnd_aled, OUTPUT);
  digitalWrite(v5_aled, HIGH);digitalWrite(gnd_aled, LOW);
  delay(1000);
  Serial.begin(9600); ur1.begin(9600);
  pinMode(led, OUTPUT);
  pinMode(cir, INPUT);
  pinMode(bz, OUTPUT);
  digitalWrite(bz, LOW);
  display.begin();
  display.setBacklight(100);
  display.setColonOn(1);
  LED.setOutput(aled);
  set_col_led(blue); delay(200);
  set_all_off();
  be();  Serial.println("Be to link BT!");
}
//-------------------------------------
void led_bl()//LED 閃動
{
int i;
```

```
 for(i=0; i<2; i++)
  {
   digitalWrite(led, HIGH); delay(150);
   digitalWrite(led, LOW); delay(150);
  }
}
//---------------------------------
void be()// 發出嗶聲
{
int i;
 for(i=0; i<100; i++)
  {
   digitalWrite(bz, HIGH); delay(1);
   digitalWrite(bz, LOW); delay(1);
  }
 delay(10);
}
//-----------------------------
void show_tdo()// 顯示倒數時間：分：秒
{
int d;
  display.clear();
  d=mm/10; mess[0]=d+0x30;
  d=mm%10; mess[1]=d+0x30;
  d=ss/10; mess[2]=d+0x30;
  d=ss%10; mess[3]=d+0x30;
  display.print(mess);
}
//--------------------------
void show_tdo1()// 顯示倒數時間：時：分
{
int d;
  display.clear();
  d=hh/10; mess[0]=d+0x30;
  d=hh%10; mess[1]=d+0x30;
  d=mm/10; mess[2]=d+0x30;
  d=mm%10; mess[3]=d+0x30;
  display.print(mess);
}
//----------------------------------------------
void set_color_blue()//led 藍色
{
```

```
      value.r=0;   value.g=0; value.b=255;
}
//------------------------
void set_color(char c) // 定義 led 顏色
{
 switch(c)
  {
   case white: value.r=255;   value.g=255; value.b=255; break;
   case red  : value.r=255;   value.g=0  ; value.b=0  ; break;
   case green: value.r=0  ;   value.g=255; value.b=0  ; break;
   case blue : value.r=0  ;   value.g=0  ; value.b=255; break;
   case din  : value.r=0  ;   value.g=255; value.b=255; break;
   case pur  : value.r=128;   value.g=0  ; value.b=128; break;
   case yel  : value.r=255;   value.g=255; value.b=0  ; break;
   case gray : value.r=128;   value.g=128; value.b=128; break;
   default:  break;
  }
}
//----------------------------
void set_all_off()//led 熄滅
{
int i;
 for(i=0; i<no; i++)
  {
   value.r=0;   value.g=0; value.b=0; //off
   LED.set_crgb_at(i, value);
   LED.sync(); delay(1);
  }
}
//-------------------------------------
void set_all_on() //LED 亮藍色
{
int i;
 for(i=0; i<no; i++)
  {
   set_color(blue);
   LED.set_crgb_at(i, value);
   LED.sync(); delay(1);
  }
}
//-----------------
void set_col_led(int c) // 設定 LED 顏色
```

```
{
int i;
  set_color(c);
  for(i=0; i<no; i++)  LED.set_crgb_at(i, value);
  LED.sync();
}
//----------
void test_aled()// 測試 LED
{
 set_col_led(red); delay(500);
 set_col_led(green); delay(500);
 set_col_led(blue); delay(500);
 set_col_led(white);
}
//-------------------------------------------------
void loop()// 主程式
{
char lf=0;
int i,c, co=0;
// test_aled();
 led_bl();be();
 if(mode==1) show_tdo1();   else show_tdo();
 delay(1000);
 while(1)
   {
// 掃描是否出現紅外線信號
   no_ir=1;
   ir_ins(cir);
   if(no_ir==1) goto loop;
// 發現紅外線信號
   led_bl();
   rev();
   for(i=0; i<4; i++)
    {
     c=(int)com[i];
     Serial.print(c);
     Serial.print(' ');
    }
   Serial.println();// delay(100);
   fkey=0;
// 設定按鍵值
   if(com[2]==D1) {key=1; fkey=1;be(); led_bl(); mm=5; ss=1;
```

```
  show_tdo(); mode=0;   }
    if(com[2]==D2) {key=2; fkey=1;be(); led_bl(); mm=10; ss=1;
  show_tdo(); mode=0;   }
    if(com[2]==D3) {key=3; fkey=1;be(); be(); be(); led_bl();
    mm=20; ss=1; show_tdo(); mode=0;   }
    if(com[2]==D4 ){key=4; fkey=1;be(); led_bl(); mm=30; ss=1; show_
tdo();mode=0;    }
    if(com[2]==D5) {key=5; fkey=1;be(); led_bl(); mm=40; ss=1;
  show_tdo(); mode=0;   }
    if(com[2]==D6) {key=6; fkey=1;mode=1-mode; led_bl(); be();be();}
    if(com[2]==D7) {key=7; fkey=1;be(); led_bl(); hh=1; mm=20;
  ss=1; mode=1; }
    if(com[2]==D8) {key=8; fkey=1;be(); led_bl(); hh=4; mm=59;
  ss=59; mode=1;}
// rc aled
    if(com[2]==D9) {key=9; fkey=1;be(); be(); led_bl(); test_aled();    }
    if(com[2]==D0) {key=0; fkey=1;set_all_off();}
//--------------------------------------
loop:
// 讀取 BT 指令
if(ur1.available())
  {
   btc=ur1.read();// 讀取指令
   if(btc==1) { // 指令 c1== 輸出語音
   if(fans==1) { ur1.print(echo); fans=0; }   // 聲控後回應
   if(fkey==1) { fkey=0;   //RC
        if(key==11)ur1.print(echo); // 時間到提示
        if(key==1) say_menu();
        if(key==3) ur1.print("SAY=3 探索 C 程式設計   ");
        if(key==8) ur1.print("GVC 啟動聲控 ");
        }// 遙控啟動
// 鍵盤測試
   if ( Serial.available() > 0) {
        c=Serial.read(); led_bl();
        if(c=='1') ur1.print("SAY=1 您好，這是遙控 GOOGLE ");
        if(c=='8') ur1.print("GVC 啟動聲控 ");
        }// 鍵盤測試 ====
   }//C1 key msy
if(btc==2){
     fans=0; ans=ur1.readString();// 讀取答案
     Serial.print(">");Serial.println(ans);
     if (ans.indexOf("LED")>=0) {led_bl(); led_bl();led_bl();
```

```
            fans=1; echo="SAY= LED 閃動        "; }
// 使用者設計：
    user_vc();
    }//C2
 }//ur1 BT
//----------------------------------------------------------
  if(millis()-ti>=MS) //1 秒鐘到
    {
  lf=1-lf;
  if(lf==1) digitalWrite(led, HIGH);
    else    digitalWrite(led, LOW);
      ti=millis();
      if(mode==1) show_tdo1();   else show_tdo();
      if (ss==1 && mm==0 && hh==0)
        {
// 計時時間到 ---------------------------
          led_bl(); be(); be();be();
          fkey=1;  key=11; // 說出時間到控制
          hh=0; mm=5; ss=10; show_tdo();
          be(); be();be();
//------------------------------------------------
        }
      ss--;
      if(ss==0)
        { show_tdo();
          delay(1000);
          mm--; ss=59;
          if(mm==0)
            {
              if(hh!=0) {hh--; mm=59; show_tdo1();  }
            }
        }
    }// 1 sec
   }
}
//----------------------------
void user_vc()// 自訂聲控功能
{
  if (ans.indexOf(" 我的夢 ")>=0)  { delay(1000);
fans=1; echo="https://www.youtube.com/watch?v=-gK7cBseKyM"; }
  if (ans.indexOf(" 泡麵 ")>=0)  { delay(1000);
    fans=1; echo="SAY= 泡麵設定 5 分鐘 "; hh=0; mm=4; ss=59; }
```

```
  if (ans.indexOf("1 分鐘 ")>=0)   { delay(1000);
     fans=1; echo="SAY= 1 分鐘設定測試 "; mode=0; hh=0; mm=0; ss=59; }
  if (ans.indexOf("1 小時 ")>=0)   { delay(1000);
     fans=1; echo="SAY= 1 小時設定測試 "; hh=0; mm=59; ss=59; }
  if (ans.indexOf(" 麵包加熱 ")>=0)   { delay(1000);
     fans=1; echo="SAY= 麵包加熱通知 "; hh=0; mm=4; ss=59; }
  if (ans.indexOf(" 休息一下 ")>=0) { delay(1000);
     fans=1; echo="SAY= 休息一下通知 "; hh=0; mm=9; ss=59; }
  if (ans.indexOf(" 煮飯 ")>=0)   { delay(1000);
     fans=1; echo="SAY= 煮飯通知 "; hh=0; mm=19; ss=59; }
  if (ans.indexOf(" 鬧鐘 ")>=0)   { delay(1000);
     fans=1; echo="SAY= 鬧鐘通知 "; hh=4; mm=59; ss=59; mode=1;}
  if (ans.indexOf(" 開夜燈 ")>=0){delay(1000);
     fans=1; echo="SAY= 開夜燈 "; test_aled(); }
  if (ans.indexOf(" 關夜燈 ")>=0){delay(1000);
     fans=1; echo="SAY= 關夜燈 "; set_all_off();}
  if (ans.indexOf(" 指令 ")>=0) { delay(1000); fans=1; echo=menu;   }
}
//----------------------------
void say_menu(){url1.print(menu);   }
//--------
void say_sub(){
url1.print("SAY= GOOGLE 聲控倒數計時器   ");
}
```

14 我家遙控器
可遙控手機

看過 RGOO 連線實驗，就可以使裝置連線到手機端說出內容。遙控器實驗是學習 Arduino 程式設計重要的實驗項目及人機介面。而家中電視遙控器是常用操作裝置，多希望也可以輸出語音，如說出解碼值、如說出功能，本章實驗來做我家遙控器會說話實驗，拿其他遙控器來做測試說話功能或是遙控手機動作。

14-1　設計理念

本書實驗遙控器使用 Arduino 標準的小遙控器，基本上不是很好按，只是方便實驗而已，有標準按鍵解碼值，方便我們做實驗。家中的遙控器若可以解碼出來，那就更方便做實驗，例如電視機遙控器，如果可以解碼出來的話，那就用它來遙控我們想控制的裝置，如 Arduino 裝置或是手機功能，也可以說出語音。有兩個關鍵：

■ Arduino 需能夠對遙控器解碼。

■ Arduino 連接手機輸出語音。

即使家中遙控器無法解碼動作，經過 L51 學習後發射，可以一支遙控器同時學習，但控制不同裝置。詳細參考附錄說明，使電視機動作。L51 使用 RC95 遙控器，RC95 遙控器也可以遙控手機動作，完成這章實驗。先學習到系統中，再發射真正電視機信號。或是使用萬用遙控器來做實驗也可以，將萬用遙控器設定成 Arduino 標準小遙控器相容格式就可以解碼動作，進而說出語音、遙控手機動作。

14-2　系統組成

系統由以下幾部分組成：

■ **Arduino UNO 系統**：設計自己的 C 控制程式。

- **Android 手機**：搭載 RGOO 系統，說出語音。

- **藍牙裝置**：連結 Arduino UNO 與 Android 手機。

- **電視或是其他遙控器**：測試遙控器功能。

　　使用者就可以專注在研究遙控器信號，無須擔心手機程式設計、搭載 RGOO 系統程式，只要有基礎操作能力，修改一下 C 程式，就可以建立以手機為基礎的語音互動系統，學程式設計的優點之一，創造生活 DIY 實驗樂趣。

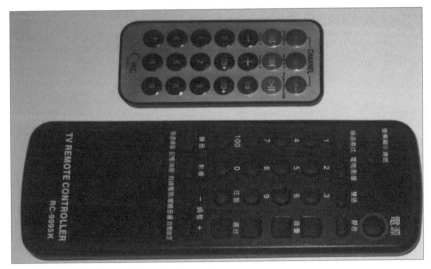

圖 14-1　TOSHIBA 電視遙控器及實驗用遙控器

專題功能

專題基本功能如下：

- 以 Arduino 連線手機當作控制平台，說出語音。

- 利用 RGOO 系統設計。

- 以 Arduino 讀取遙控器信號做解碼。

- 可輸出遙控器按鍵值語音訊息。

在專題中用 Arduino 藍牙連線手機，啟動手機語音説話功能。手機程式可以直接使用 RG00 引擎，完全無須修改做控制實驗。想新增加功能，可以先用 Arduino C 程式做修正測試，若無法達成，才修改積木程式，想了解積木程式，可以參考最後章節解説。

[手機執行畫面]

手機的安裝程式 APK 檔，要先安裝在手機上，才能執行。執行後先連線，按下數字 0 至 9，手機端會説出數字值。

圖 14-2　手機執行畫面

[電路設計]

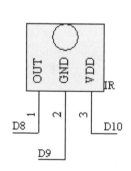
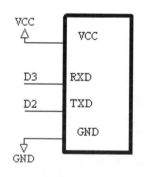

藍芽模組 HC06

圖 14-3　實驗電路

控制電路分為以下幾部分：

■ **壓電喇叭**：聲響警示，連到 D12。
■ **遙控接收模組**：接收遙控信號，連到 D8，參考第 9 章說明。
■ **藍牙模組**：連到 Arduino 實驗板與手機建立連線。

藍牙模組與 Arduino 實驗板連接，可以參考第 3 章說明。當電源加入時，壓電喇叭會發出嗶聲做簡單測試功能。

14-3　監控遙控器按鍵解碼值

先複製書中系統程式（可官網下載）rc95a 目錄（含程式碼），到系統檔案 Arduino 目錄 libraries 下，程式中加入以下指令：#include <rc95a.h>。實驗用遙控器為名片型遙控器，如圖 14-4 所示。其中 "0 255" 為廠商固定編碼，"22 233" 則為按鍵 0 編碼，廠商編碼只要是該款（特定晶片）遙控器是固定的，各個按鍵編碼則依按鍵不同而不一樣。

遙控器解碼功能僅適用長度 36 位元之遙控器，過長無法解碼。遙控器解碼功能僅適用載波 38K 接近之遙控器，載波差距太大也無法解碼。圖 14-5 為大遙控器 RC95 監控視窗看到解碼結果，方便我們寫程式來比對按鍵與編碼值。

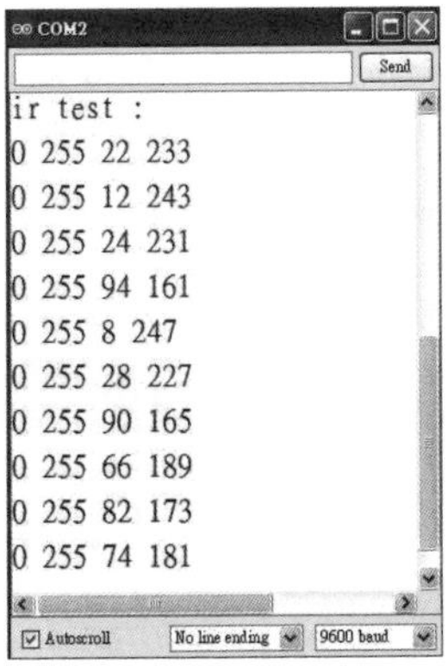

圖 14-4　小遙控器監控解碼結果

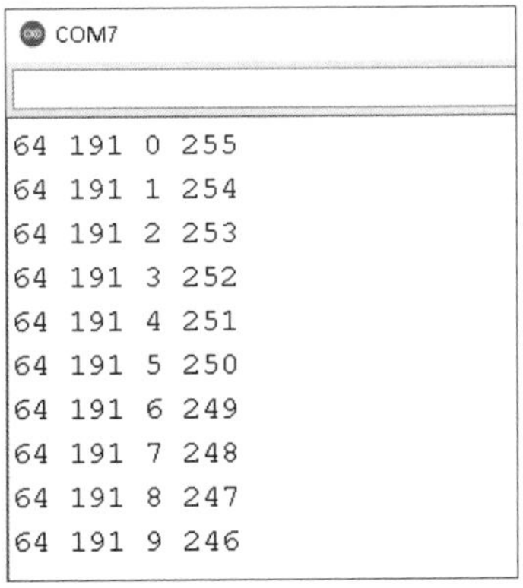

圖 14-5　大遙控器 RC95 監控解碼結果

14-4　我家遙控器會說話

經過測試後，可以有效解碼出按鍵值，就可以修改程式功能，遙控手機執行相關動作，例如說出語音功能鍵或是相關應用執行。程式設計以 RC37 實驗用小遙控器做說明。先監控測試遙控器按鍵值，定義解碼值，常用鍵為數字鍵：

- #define D0 22

- #define D1 12

- #define D2 24

- #define D3 94

- #define D4 8

- #define D5 28

- #define D6 90

- #define D7 66

- #define D8 82

- #define D9 74

定義按鍵值後，比對按鍵值，修改成想要功能。程式執行功能，在第 3 章有基礎運作說明。在迴圈中判斷手機若是在待機狀態 1 時，btc 值為 1，可以送出資料，設計如下：

```
if(btc==1) { // 狀態 1 時，輸出資料
// 遙控說出內容 ===============
if(fkey==1) {　fkey=0;　// 已執行過
  if(key==1){ur1.print("SAY= 數字 1 ");　be();}
  if(key==2){ur1.print("SAY= 數字 2 ");　be();}
  }// 遙控語音執行
} // 狀態 1 時，執行輸出語音指令
```

由於手機端 RGOO 系統設計中，設計有計時器，固定一段時間送出狀態 1，可以接收資料來處理，Arduino 主控制迴圈中需要掃描是否出現紅外線信號，才不會錯過遙控按鍵，若有偵測到信號則做解碼，設定 fkey 旗號，等狀態 1 時，才送出指令給手機端說出語音。

想測試家中其他遙控器，同樣先監控測試遙控器按鍵值，定義解碼值，以 RC95 遙控器為例，它是遙控 TOSHIBA 電視機，解碼值特點是數字鍵為實際解碼值，過去很多電視遙控器都有此特性。一樣設定為常數，方便修改，常用鍵為數字鍵及電視功能鍵：

```
#define D0 0
#define D1 1
#define D2 2
餘此類推 …….
#define D9 9
#define power 18 // 電源
#define mute 10// 靜音
#define ret 22// 返回
#define up 33// 上一台
#define down 34// 下一台
#define vup  56// 音量大
#define vdown 40// 音量小
```

經過找出可以解碼的遙控器測試後，修改按鍵值定義，修改想要功能程式家中遙控器就可以遙控手機動作了。

💻 程式 URG_RCT.INO

```
#include <SoftwareSerial.h> // 宣告額外串列介面
SoftwareSerial ur1(2,3); //D2 接收，D3 傳送
#include <rc95a.h> // 引用紅外線遙控器解碼程式庫
//RC37 遙控器解碼值 --------------
#define D0 22
#define D1 12
#define D2 24
#define D3 94
```

```
#define D4 8
#define D5 28
#define D6 90
#define D7 66
#define D8 82
#define D9 74
//EAR IR電源連接 ------------------------------------
int v5=10; int gnd=9;
int cir=8; // 設定紅外線遙控器解碼控制腳位
int led=13;//LED指示
int bz=12;// 壓電喇叭
String ans,echo;// 聲控結果及回應內容
bool fans;// 旗號已取得聲控結果
bool fkey; // 旗號已取得按鍵值
char key; // 按鍵值
char btc; // 接收資料
//================================
void setup() {// 初始化，送出連線藍牙信號
// 電源連接
  pinMode(v5, OUTPUT);    pinMode(gnd, OUTPUT);
  digitalWrite(v5, HIGH);digitalWrite(gnd, LOW);
 ur1.begin(9600);        Serial.begin(9600);
 pinMode(cir, INPUT);
 pinMode(led, OUTPUT); pinMode(bz, OUTPUT);
 be(); led_bl(); Serial.println("Be to link BT!");
}
//----------------------------------------------
void led_bl()//led 閃動
{
int i;
 for(i=0; i<1; i++)
  {
   digitalWrite(led, HIGH); delay(50);
   digitalWrite(led, LOW);  delay(50);
  }
}
//------------------------------------------------------------
void be()// 嗶一聲
{
int i;
 for(i=0; i<100; i++)
  {
```

```
  digitalWrite(bz, HIGH); delay(1);
  digitalWrite(bz, LOW); delay(1);
 }
 delay(100);
}
//-----------------------------------
void loop()// 主程式
{
int i,c;
while(1){
// 掃描是否出現紅外線信號
  no_ir=1;   ir_ins(cir);
  if(no_ir==1) goto loop;
// 發現紅外線信號
  led_bl();   rev();
  for(i=0; i<4; i++)
   { c=(int)com[i]; Serial.print(c);  Serial.print(' ');     }
  Serial.println();// delay(100);
  fkey=0;
  if(com[2]==D1) {key=1; fkey=1;be(); led_bl();    }
  if(com[2]==D2) {key=2; fkey=1;be(); led_bl();    }
  if(com[2]==D3) {key=3; fkey=1;be(); led_bl();    }
  if(com[2]==D4 ){key=4; fkey=1;be(); led_bl();    }
  if(com[2]==D5) {key=5; fkey=1;be(); led_bl();    }
  if(com[2]==D6) {key=6; fkey=1;be(); led_bl();    }
  if(com[2]==D7) {key=7; fkey=1;be(); led_bl();    }
  if(com[2]==D8) {key=8; fkey=1;be(); led_bl();    }
  if(com[2]==D9) {key=9; fkey=1;be(); led_bl();    }
  if(com[2]==D0) {key=0; fkey=1;be(); led_bl();    }
loop:
if(ur1.available()) // 藍牙有連線
 {
  btc=ur1.read();// 讀取指令
//=========================================
  if(btc==1) { // 指令 c1== 輸出語音或是輸出資料
//C1= 說出內容   c2= 聲控讀取答案 echo 回話
//C1=key word=SAY GVC http
  if(fans==1) { ur1.print(echo); fans=0; }
// 遙控說出內容 ===============
  if(fkey==1) { fkey=0;
    if(key==1){ur1.print("SAY= 數字 1 "); be();}
    if(key==2){ur1.print("SAY= 數字 2 "); be();}
```

```
        if(key==3){url.print("SAY= 數字 3 ");  be();}
        if(key==4){url.print("SAY= 數字 4 ");  be();}
        if(key==5){url.print("SAY= 數字 5 ");  be();}
        if(key==6){url.print("SAY= 數字 6 ");  be();}
        if(key==7){url.print("SAY= 數字 7 ");  be();}
        if(key==8){url.print("SAY= 數字 8 ");  be();}
        if(key==9){url.print("SAY= 數字 9 ");  be();}
        if(key==0){url.print("SAY= 數字 0 ");  be();}
            }// 遙控啟動 ==============
    if ( Serial.available() > 0) {
        c=Serial.read(); led_bl();
        if(c=='1') {url.print("pc key1"); led_bl(); }
        if(c=='8') {url.print("GVC 啟動聲控 "); led_bl(); }
        }// 鍵盤測試 ====
    }//C1 key=======================
if(btc==2){
    fans=0; ans=url.readString();// 讀取答案
    Serial.print(">");Serial.println(ans);// 電腦顯示聲控結果
    if (ans.indexOf("LED")>=0) {led_bl(); led_bl();led_bl();
        fans=1; echo="SAY= LED 閃動      "; }
    }//C2 com
}//url BT 傳入
}// while 1
}//loop
```

15

教學機器人

前面看過讀稿機的設計讀出文字，也看過我家電視遙控器會說話功能實驗，都是語音互動實驗，本章來探索如何來進行問答實驗，這樣子的一個實驗過程，就可以應用於互動式的簡單教學實驗，回答一些簡單的問題或是概要說明。

15-1 設計理念

讀稿機的設計中，按下遙控器可以說出一段預定的語音，做 RGOO 自我介紹。還有電視遙控器會說話功能實驗，按下遙控器按鍵後，可以說出該按鍵的功能。相同的原理可以用在問答上面，就形成問答機器人，也就是用在教學上面，這樣功能的設計，就可以當作教學教具，成為老師上課的助教或是賣場展示應用。

如何設計一台問答機器人，大致過程如下：

■ 設定問答主題，例如 ESP32 WiFi 實驗。

■ 整理問題、對應建議答案。

■ 具體簡化文字敘述。

■ 如何由手機呈現。

■ 說出結果、顯示資訊。

例如之前剛開始做 ESP32 實驗時，遇到很多的怪現象，使實驗進度落後。當時有整理出來的一些問題處理建議方案，就用此題材來當作系統設計範例。有關說出結果、顯示資訊等手機程式端問題，可以直接使用 RGOO 引擎，完全無須修改做控制實驗。只需要測試提問與回答內容，想新增加問題功能，可以先用 Arduino C 程式做修正測試，若無法達成，才修改積木程式，想了解積木程式，可以參考最後章節解說。

15-2 系統組成

系統由以下幾部分組成：

■ **Arduino UNO 系統**：設計自己的 C 控制程式。

■ **Android 手機**：搭載 RGOO 系統，接受聲控提問，語音回答。

■ **藍牙裝置**：連結 Arduino UNO 與 Android 手機。

■ **遙控器**：測試對應語音回答內容。

■ **關鍵字設計**：針對主題設計問答資料庫。

本次專題的關鍵就是找出初學者、提問者常遇到的主題，一堂課出現的問題關鍵字，提出引導式的解答，如學習方向、概要說明或是程式碼的解析。如何提問，就是研究一下相關關鍵字。

設計者就可以專注在問題資料庫實驗研究上，無須擔心手機程式設計，搭載 RGOO 系統程式，只要有基礎操作能力，修改一下 C 程式，就可以建立以手機為基礎的問答展示系統，學程式設計的優點之一，創造生活應用樂趣。

〔專題功能〕

專題基本功能如下：

■ 以 Arduino 手機當作控制平台，遙控啟動。

■ 利用 RGOO 系統設計。

■ 設計 ESP32 簡易問答實驗資料庫。

■ 手機可輸出語音訊息及文字。

■ 可按鍵、遙控啟動聲控提問。

■ 在 Arduino 系統 C 程式中，自建問答實驗功能。

手機程式，可以直接使用 RGOO 引擎，完全無須修改做控制實驗。只需要測試提問與回答內容，在 Arduino C 程式中，就可以新增加問題功能。

執行結果

圖 15-1　可問系統關鍵字為何

圖 15-2　系統說出關鍵字

圖 15-3　可問系統按鍵程式設計問題

圖 15-4　系統提示回答

電路設計

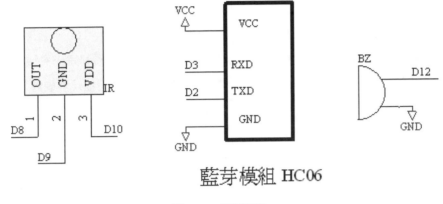

藍芽模組 HC06

圖 15-5　實驗電路

控制電路分為以下幾部分：

- **壓電喇叭**：聲響警示，連到 D12。
- **遙控接收模組**：接收遙控信號，連到 D8，參考第 9 章說明。
- **藍牙模組**：連到 Arduino 實驗板與手機建立連線。

藍牙模組與 Arduino 實驗板連接，可以參考第 3 章說明。當電源加入時，壓電喇叭會發出嗶聲做簡單測試功能。

以前做 ESP32 實驗當中，遇到很多的地雷區，使實驗進行不是很順利。當時有整理一些問題解決的方案，現在就可以派上用場。就來做 ESP32 簡易問答實驗。最常出現的問題實例如下：

問題 1：ESP32 編譯器編譯程式太慢

可以試試固定編譯 TEST.INO 程式，下載測試，若測試正常，複製檔案備用，新程式要測試仍用 TEST.INO，進行編輯工作。省下許多時間，若測試正常，複製檔案 TEST.INO，成為 PJX1.INO，部分專案功能完成。

問題 2：連線 PC USB 介面下載程式時，ESP32 耗電負載

平時實驗可以正常下載程式，接上特殊實驗模組，出現程式無法下載問題。特別是使用耗電大些的模組，如馬達控制模組、伺服器、LCD，這些模組在 Arduino UNO 系統上可以順利實驗，到 ESP32 上，可能無法順利完成實驗。解決方法，實驗模組的 5 V 電源，需要另外供電，否則嚴重時還可能燒壞硬體。

問題 3：按鍵

ESP32 按鍵偵測，沿用 Arduino 寫法，低電位按下啟動。程式設計：

```
pinMode(k1,INPUT_PULLUP);
int k1=4;      if(digitalRead(k1)==0) led_b1();
沿用 Arduino 寫法，注意改 pinMode(k1,INPUT_PULLUP);
```

經過整理形成的資料內容如下：

■ **回答 1**：試試編譯、下載固定 TEST.INO 程式，新程式測試仍用 TEST.INO，進行編輯。

■ **回答 2**：實驗模組的 5 V 電源，需要另外供電。

■ **回答 3**：沿用 Arduino 寫法，低電位按下啟動。改 `pinMode(k1,INPUT_PULLUP);`

這樣初學者就可以透過機器人的問答當中，找到需要的解答，然後避開雷區使實驗順利。關鍵是初學者需要會提問，設計端要模擬一下相關的關鍵字提問。會如何提問？遇到有關按鍵的問題，關鍵字就是 " 按鍵 " 兩個字，或是 "ESP32 按鍵 "。

整理後問題提問相關資料如下：

■ **ESP32 編譯器編譯程式太慢關鍵字**：ESP32 編譯太慢、上傳太慢。

■ **PC USB 介面下載程式時問題關鍵字**：USB 介面下載、下載。

- **ESP32 按鍵相關關鍵字**：按鍵、ESP32 按鍵。

- **關鍵字如下**：提示、太慢、下載、按鍵。

15-3　Arduino 控制程式

看過提問解析，回答可以是語音、簡單文字提示：例如：

- **問題 2 主題**：連線 PC USB 介面下載程式時，ESP32 耗電負載問題。

- **問題提問關鍵字**：USB 介面下載、下載。

- **回答 2**：實驗模組的 5 V 電源，需要另外供電。

在回應的過程中，先以語音說出來、再顯示簡單文字提示。程式中將相關的回覆訊息文字資料，定義在陣列中：

```
String qa[]={"SAY= 試試編譯、下載固定 TEST.INO 程式，新程式測試仍用 TEST.INO，進行
編輯 ",
        "SAY= 實驗模組的 5 V 電源，需要另外供電 ",
        "SAY= 沿用 Arduino 寫法，低電位按下啟動。改
        pinMode(k1,INPUT_PULLUP) ",
        "SAY= 關鍵字如下：提示、太慢、下載、按鍵 "};
```

然後用關聯性的連結來過濾詢問的關鍵字，也就是聲控答案，只要辨認答案中有相關的關鍵字，就可以輸出對應的語音，來提供資料供參考。

```
if(ans.indexOf(" 太慢 ")>=0) {led_bl();  fans=1; echo=qa[0]; }
```

為了方便管理程式，將功能寫成副程式來執行，方便修改程式，增加新的提示關鍵字來設計資料對答系統。

```
void qas()
{
 if (ans.indexOf(" 太慢 ")>=0) {led_bl();  fans=1; echo=qa[0]; }
```

```
if (ans.indexOf(" 下載 ")>=0) {led_bl();  fans=1; echo=qa[1]; }
if (ans.indexOf(" 按鍵 ")>=0) {led_bl();  fans=1; echo=qa[2]; }
if (ans.indexOf(" 提示 ")>=0 || ans.indexOf(" 關鍵字 ")>=0    )
  {led_bl();  fans=1; echo=qa[3]; }
}
```

最後是導入完整 C 程式設計及測試，若順利進行，可以陸續增加、修改資料庫，使教學機器人運作更順利。

💻 程式 URG_TU1.INO

```
#include <SoftwareSerial.h> // 宣告額外串列介面
SoftwareSerial ur1(2,3); //D2 接收，D3 傳送
#include <rc95a.h> // 引用紅外線遙控器解碼程式庫
//------------------------
#define D0 22
#define D1 12
#define D2 24
#define D3 94
#define D4 8
#define D5 28
#define D6 90
#define D7 66
#define D8 82
#define D9 74
//EAR IR 電源連接 ------------------------------------
int v5=10; int gnd=9;
int cir=8; // 設定紅外線遙控器解碼控制腳位
int led=13;//LED 指示
int bz=12;// 壓電喇叭
String ans,echo;// 聲控結果及回應內容
bool fans;// 旗號已取得聲控結果
bool fkey; // 旗號已取得按鍵值
char key; // 按鍵值
char btc; // 接收資料
String qa[]={"SAY= 試試編譯、下載固定 TEST.INO 程式，新程式測試仍用 TEST.INO，進行
編輯 ",
      "SAY= 實驗模組的 5 V 電源，需要另外供電 ",
      "SAY= 沿用 Arduino 寫法，低電位按下啟動。改 pinMode(k1,INPUT_PULLUP) ",
      "SAY= 關鍵字如下：提示、太慢、下載、按鍵 "};
//=================================
void setup() {// 初始化，送出連線藍牙信號
 ur1.begin(9600);      Serial.begin(9600);
 pinMode(cir, INPUT);
```

```
pinMode(led, OUTPUT); pinMode(bz, OUTPUT);
be(); led_bl(); Serial.println("Be to link BT!");
}
//-------------------------------------------
void led_bl()//led 閃動
{
int i;
 for(i=0; i<1; i++)
  {
   digitalWrite(led, HIGH); delay(50);
   digitalWrite(led, LOW);  delay(50);
  }
}
//----------------------------------------------------------
void be()// 嗶一聲
{
int i;
 for(i=0; i<100; i++)
  {
   digitalWrite(bz, HIGH); delay(1);
   digitalWrite(bz, LOW); delay(1);
  }
 delay(100);
}
//-----------------------------------------
void loop()// 主程式
{
int i,c;
while(1){
// 掃描是否出現紅外線信號
   no_ir=1;
   ir_ins(cir);
   if(no_ir==1) goto loop;
// 發現紅外線信號
   led_bl();   rev();
   for(i=0; i<4; i++)
    { c=(int)com[i];  Serial.print(c);  Serial.print(' ');    }
   Serial.println();// delay(100);
   fkey=0;
   if(com[2]==D1) {key=1; fkey=1;be(); led_bl();   }
   if(com[2]==D2) {key=2; fkey=1;be(); led_bl();   }
   if(com[2]==D3) {key=3; fkey=1;be(); led_bl();   }
   if(com[2]==D4 ){key=4; fkey=1;be(); led_bl();   }
   if(com[2]==D5) {key=5; fkey=1;be(); led_bl();   }

   if(com[2]==D6) {key=6; fkey=1;be(); led_bl();   }
   if(com[2]==D7) {key=7; fkey=1;be(); led_bl();   }
```

```
    if(com[2]==D8) {key=8; fkey=1;be(); led_bl();     }
    if(com[2]==D9) {key=9; fkey=1;be(); led_bl();     }
    if(com[2]==D0) {key=0; fkey=1;be(); led_bl();     }
// 迴圈處理
loop:
if(ur1.available())// 藍牙有連線
 {
  btc=ur1.read();// 讀取指令
//=============================
  if(btc==1) { // 指令 c1== 輸出語音或是輸出資料
//C1= 說出內容   c2= 聲控讀取答案 echo 回話
//C1=key word=SAY GVC http
   if(fans==1) { ur1.print(echo); fans=0; }
//=============================
   if(fkey==1) {  fkey=0;
    if(key==0){ur1.print("SAY= ESP32 TUTOR 機器人 ");  be();}
    if(key==1){ur1.print(qa[0]);  be();}
    if(key==2){ur1.print(qa[1]);  be();}
    if(key==3){ur1.print(qa[2]);  be();}
    if(key==8){ur1.print("GVC 啟動聲控 ");}
        }// 遙控啟動 =============
   if ( Serial.available() > 0) {
      c=Serial.read(); led_bl();
      if(c=='1') {ur1.print("pc key1"); led_bl(); }
      }// 鍵盤測試 ====
  }//C1 key msy=======================
if(btc==2){
   fans=0; ans=ur1.readString();// 讀取答案
   Serial.print(">");Serial.println(ans);// 電腦顯示聲控結果
   qas();
 }//C2 com
}//ur1 BT 有 1 commnd 傳入 ==
}// while 1
}//loop
//-----------------------------------
void qas()
{
 if (ans.indexOf("LED")>=0) {led_bl(); led_bl();led_bl();
    fans=1; echo="SAY= LED 閃動     "; }
 if (ans.indexOf(" 我的夢 ")>=0)  { delay(1000); /* 等系統說完答案 */
    fans=1; echo="https://www.youtube.com/watch?v=70qyvaQLLZQ"; }
 if (ans.indexOf(" 太慢 ")>=0) {led_bl();  fans=1; echo=qa[0]; }
 if (ans.indexOf(" 下載 ")>=0) {led_bl();  fans=1; echo=qa[1]; }
 if (ans.indexOf(" 按鍵 ")>=0) {led_bl();  fans=1; echo=qa[2]; }
 if (ans.indexOf(" 提示 ")>=0 || ans.indexOf(" 關鍵字 ")>=0        )
    {led_bl();  fans=1; echo=qa[3]; }
}
```

16 手機家電遙控

16-2 系統組成

16-3 學習型遙控器模組介紹

16-4 手機遙控程式

第 10 章介紹 Google 聲控車，按下手機按鍵，驅動車子動作。相同原理可以用來控制家電遙控器動作，先將家電遙控器信號學到學習型遙控器模組中，再由遙控器模組連接藍牙與手機連線控制。本章介紹此款手機家電遙控設計過程。

16-1 設計理念

用智慧手機做生活應用、控制已經成為趨勢，也是 DIY 裝置的教材選項之一，本章將探索用 Android 手機，搭載藍牙模組來做家電控制實驗，為求實驗效率，採用 L51 學習型遙控器模組來做整合測試，可以將家中許多有遙控器的家電常用功能，整合到同一組系統上，由單一支遙控器來做控制。

L51 同時支援串列介面控制，可由程式控制來學習或是發射信號，成為智慧型可程式化控制器。能支援串列控制動作，就可以串接藍牙模組來與手機建立連線，用 AI2 程式來做連線測試，初學者可以依自己需求做功能修改及擴充應用。

16-2 系統組成

整個系統由以下幾部分組成：

■ **Android 手機**：載入手機應用程式，遙控有遙控器控制的家電動作。

■ **紅外線學習模組 L51**：先學習家電遙控器信號，然後發射啟動家電。

■ **藍牙模組**：連到 L51 與 Android 手機建立連線。

用紅外線學習模組來做實驗，優點之一是先學習家電遙控器信號，馬上可以測試驗證學到信號是否有效，發射出去做驗證。可以正確啟動後，再由程式設計來做系統整合。L51 可由 RC95 遙控器操作學習 17 組功能鍵學習及發射驗證，可參考附錄說明。

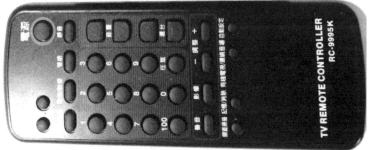

圖 16-1　L51 學習型遙控器模組

專題功能

■　學習模組連接藍牙與 Android 手機內建藍牙連線。

■　先學習家電遙控器信號，然後發射啟動家電。

■　手機需與控制板先建立連線，然後才可遙控操作。

■　可聲控測試，啟動聲控做聲控家電實驗。

■　以 AI2 積木程式做設計。

實驗過程

先學習再測試，再由手機來測試家電遙控，完整測試步驟如下：

STEP ① 先學習家電遙控器信號。

STEP ② 測試學到信號有效。

STEP ③ L51 連接藍牙模組。

STEP ④ 與手機連線測試。

STEP ⑤ 測試聲控啟動。

　　手機的安裝程式 APK 檔，需要先安裝在手機上，才能執行。手機本身就有聲控功能，因此就用手機功能來做聲控控制，使用 AI2 系統內建的中文聲控功能做實驗，當辨認出結果後，發送信號到 L51，實現低成本的聲控家電實驗。

圖 16-2　手機執行畫面

圖 16-3　啟動聲控

電路設計

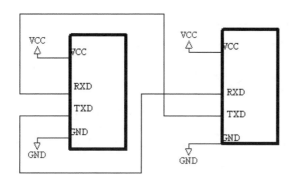

VCC

VCC

RXD

TXD

GND

GND

VCC

VCC

RXD

TXD

GND

GND

L51模組　　　藍芽模組 HC06

圖 16-4　L51 藍牙模組連線控制電路

控制電路分為以下兩部分：

■　**L51 學習控制模組：**提供串列介面輸入連接藍牙模組。

■　**藍牙模組：**連到 L51 實驗板與手機建立連線。

實際連線使用單線傳送即可，由藍牙傳送信號到 L51 接收，啟動控制功能。

16-3　學習型遙控器模組介紹

學習型遙控器模組支援有串列介面控制指令，可以經由串列介面，直接下達指令控制碼來做實驗。串列通訊傳輸協定為（9600,8,N,1），鮑率 9600 bps，8 個資料位元，沒有同位檢查位元，1 個停止位元。外部串列介面指令控制碼如下：

■　控制碼 'L' +'0'--'9'：學習一組信號。

■　控制碼 'T' +'0'--'9'：發射一組信號。

利用此功能可以由串列介面做系統功能整合：

- 由外部單晶片如 arduino 做控制。
- 連接藍牙模組與手機連線。
- 連接串列介面與電腦連線應用。

下一節介紹用 AI2 程式來做手機連線測試，初學者可以依自己需求做功能修改及擴充應用。

16-4　手機遙控程式

手機遙控程式用 AI2 積木程式來做設計，可以簡化設計的複雜度，只需要有基礎操作能力，簡單的邏輯思維就可以完成相關控制介面設計，初學者若不熟悉操作，可以參考第 2 章說明。

「畫面配置」

在配置中使用以下元件：

- 藍牙元件。
- 語音辨識器。
- 文字語音轉換器。
- 清單選擇器。
- 標籤顯示訊息。
- 按鈕執行功能。

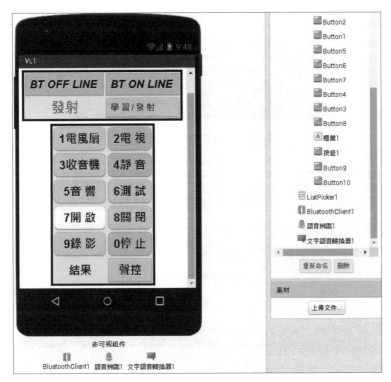

圖 16-5　手機畫面配置及資源

程式設計

一套遙控器積木設計，大概分為幾部分：

- 藍牙模組連線。

- 手機按鍵控制功能。

- 啟動手機聲控功能。

- 聲控後説出結果。

- 聲控後執行聲控動作。

　　一支手機可能連接很多藍牙的裝置，一旦藍牙的裝置有開啟，手機都會去掃描。掃描後只要有設定的名單，都會出現在名單中，為了方便連線，所有設定過的，都會出現在手機名單中，方便下回選取。

圖 16-6　手機藍牙連線功能設計

　　藍牙模組連線設計，參考圖 16-6，當按下連線時，手機會出現藍牙模組配對名單選取功能。當按下離線時，則將藍牙模組連線斷線，並顯示 "NO LINK"。已經配對成功的藍牙模組編號，會出現在系統藍牙模組配對名單中，出現配對名單選取功能後，如設定藍牙模組編號，實驗用藍牙模組編號為 HC06，並且連線成功後，則顯示 "LINK OK"，否則顯示 "LINK FAIL"。

圖 16-7　藍牙模組配對名單功能設計

　　但是新的 AI2 系統不支援此功能，就用藍牙固定地址連線來設定，遇到類似問題，可以參考附錄說明來做修正。

　　L51 可做學習與發射功能切換，使用外部指令控制碼如下：

■　控制碼 'L' +'0'--'9'：學習一組信號。

■　控制碼 'T' +'0'--'9'：發射一組信號。

　　由手機送出外部指令控制，初始功能為發射信號，tflag 旗號設定為真。標籤 Lable2 顯示發射。當按下學習 / 發射按鍵功能切換後，tflag 旗號設定為假，標籤 Lable2 顯示學習，以此類推做功能切換。

圖 16-8　學習與發射功能切換

　　當藍牙模組連線成功後，便可以按下手機按鍵，執行遙控動作設定，可以依需要做學習與發射功能切換。共可以控制 10 組按鍵，對應 Button1—Button10，以 Button1 為例，依據功能切換旗號 tflag 為真，則由藍牙發送出 "T" 與 "1" 信號，或是由藍牙發送出 "L" 與 "1" 信號，完成第 1 組發送與學習控制。其他組設計相同，可以用複製貼上來重複製造相關積木程式功能。一共有 10 組，其他依此類推。

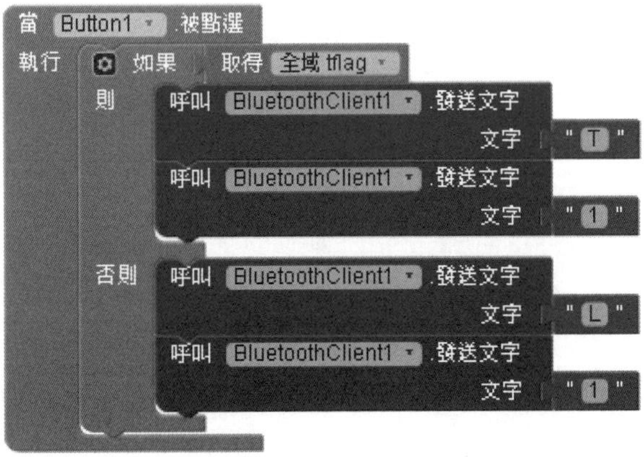

圖 16-9　依據旗號 tflg 切換學習與發射功能設定

啟動手機聲控功能後，執行以下動作：

■ 將答案顯示於標籤 1。

■ 說出聲控結果。

■ 判斷聲控結果字串發射信號出去。

聲控結果若有「測試」該指令，則發射第 6 組紅外線信號出去。

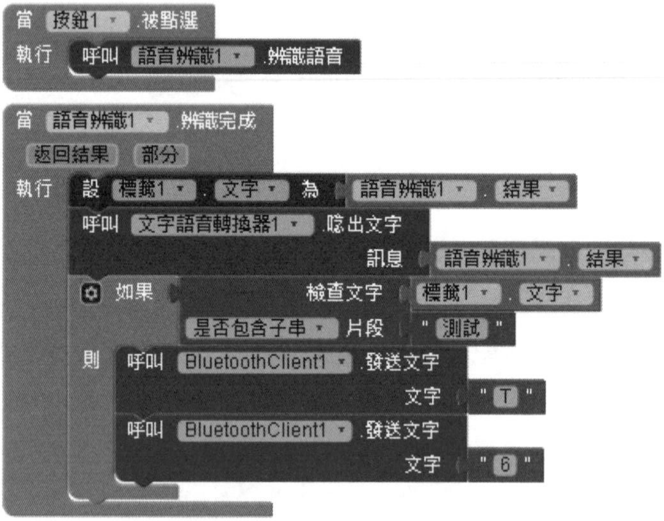

圖 16-10　聲控後執行聲控動作

ESP32 聲控家電

前幾章都使用 Arduino UNO 硬體，搭載 RGOO 連線實驗，都是在 C 程式中直接定義聲控命令，尤其在聲控家電應用，有些需要擴充硬體功能，又要動到 C 程式，直接將聲控及應用全都整合到 C 程式中做設計，以 ESP32 硬體來實現，本章來做這樣的控制實驗。

17-1 設計理念

由上一章實驗中來看，聲控命令定義在積木中，要修改功能都要上傳雲端，等待產生執行檔，還要安裝才能測試，會耗掉很多工程測試時間。這就是 RGOO 當初設計的目的之一，通用程式寫法，一種版本可以適合很多的應用場合。系統有比較標準的寫法，測試正常後，無須重複載入積木程式做測試。專注控制端 C 程式設計。至少有 3 大優點：

■ 利用手機聲控、說話的硬體成本。

■ 節省上傳雲端時間。

■ 整合 C 程式方便修改。

特別是我們家電控制，所有的細節有時必須對外存取 I/O 控制，所以把聲控加上應用實驗，經常要修改的功能，放在 C 程式這端，會比較好方便處理。如上一章介紹，串接學習型遙控模組 L51，以指令來控制發射相容信號，控制家電動作，先學習家電遙控器信號後遙控啟動，家電可輕鬆控制。如此安排下，可以輕易附加許多實驗做多功能硬體擴充，也可以省下手機語音應答、聲控的硬體成本。

17-2 系統組成

系統由以下幾部分組成：

■ **ESP32 系統**：設計自己的聲控家電內容。

■ **Android 手機**：搭載 RGOO 系統。

■ **遙控器**：設定接收遙控信號。

■ **學習型遙控模組 L51**：先學習家電遙控器信號後遙控啟動。

■ **建立家電應用控制**：依需要擴充功能如繼電器迴路控制。

學習型遙控模組 L51 功能，請參考上一章說明。ESP32 經由額外串聯接 L51，送出控制指令，就可以實現聲控家電功能。

利用 RGOO 與 ESP32 連線執行聲控、ESP32 接收聲控傳回結果，控制 L51 啟動家電。現有遙控器家電，完全不用改裝就可以為聲控啟動操作了。使用者就可以專注在整合製作、測試上，無須擔心手機程式設計、搭載 RGOO 系統程式，只要有基礎操作能力，修改一下 C 程式，就可以建立以手機為基礎的家電控制系統，學程式設計的優點之一，創造生活 DIY 樂趣及成就感。

┌─────────┐
│ 執行結果 │
└─────────┘

圖 17-1 是實作執行畫面照相，手機的安裝程式 APK 檔，需要先安裝在手機上，才能執行。可以由監控視窗測試 ESP32 聲控執行結果作相關互動實驗。

圖 17-1　手機執行畫面

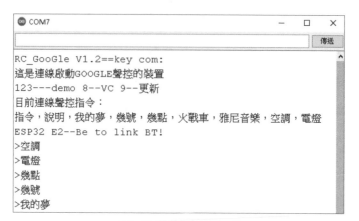

圖 17-2 監控視窗測試 ESP32/Google 互動實驗

電路設計

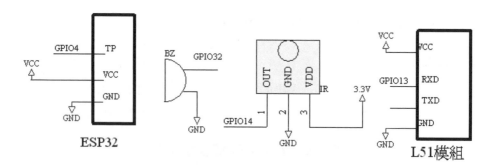

圖 17-3 實驗電路

控制電路分為以下幾部分：

■ **ESP32 模組**：經由內建藍牙連線手機。

■ **額外串口介面**：控制 L51 學習模組，GPIO13 送出串列信號到 L51。

■ **觸控點**：啟動手機聲控功能，連到 GPIO4。

■ **遙控接收模組**：接收遙控信號，連到 GPIO14。

■ **壓電喇叭**：音效聲響輸出連線通知，連到 GPIO32。

ESP32 內建藍牙功能，當電源加入或是系統啟動時，送出藍牙連線信號，壓電喇叭會發出嗶聲做簡單測試功能，手機端較容易連線做後續測試。

17-3　ESP32 控制程式

經由學習家電遙控器信號，然後遙控啟動，可以輕鬆控制家電。學習型遙控器模組支援有串列介面控制指令，只需了解串列通訊傳輸協定為（9600,8,N,1），鮑率 9600 bps，8 個資料位元，沒有同位檢查位元，1 個停止位元。外部指令控制碼如下：

- 控制碼 'L' +'0'--'9'：學習一組信號。
- 控制碼 'T' +'0'--'9'：發射一組信號。

想加入機電連結設定，可以實現聲控家電互動功能設計：例如

- 説出「空調」，手機辨認出「空調」。
- ESP32 收到「空調」關鍵字。
- ESP32 送出「空調設定」。
- 手機説出「空調設定」。
- 經由 L51 學習模組啟動冷氣。

使用前先將家電遙控器按鍵信號學到 L51 上：

- **編號 0**：學習冷氣開動作。
- **編號 1**：學習遙控電風扇開動作。
- **編號 2**：學習遙控電燈開動作。

控制程式設計如下：

```
void op(int d)// 送出發射指令
{
 url.print('T');   led_bl();
 url.write('0'+d); led_bl();
}
```

相關聲控功能設計如下：

```
if (ans.indexOf(" 空調 ")>=0) { delay(1000);
  op(0); led_bl();  delay(1000); op(1); led_bl();
  fans=1; echo="SAY= 空調設定   ";  }

if (ans.indexOf(" 電燈 ")>=0) { delay(1000);
  op(2); led_bl();
  fans=1; echo="SAY= 電燈設定   ";  }
```

本系統最大特點，使用者經由 ESP32，可以設計聲控應用指令，結合 RGOO
手機聲控語音合成，呈現智慧音箱應用基礎實驗，建構一聲控家電連線實驗平
台，繼續探索更多可能應用。

程式 ERG_LI.INO

```
#include <rc95a.h> // 引用紅外線遙控器解碼程式庫
#include <HardwareSerial.h> // 載入程式庫
HardwareSerial url(1); // 使用 UART1
int RX1=12; // 指定產生 url 串列介面腳位
int TX1=13;
#include <BluetoothSerial.h>// 載入藍牙功能
BluetoothSerial bt;// 宣告藍牙物件
// 遙控器解碼值
#define D0 22
#define D1 12
#define D2 24
#define D3 94
#define D4 8
#define D5 28
```

```
#define D6 90
#define D7 66
#define D8 82
#define D9 74
int cir=14; // 設定紅外線遙控器解碼控制腳位
int bu=32;// 壓電喇叭
int led=2;//LED 指示
int tp=4; // 觸控點
String ans,echo; // 聲控結果及回應
bool fans;// 旗號已取得聲控結果
char btc;// 接收資料
//==================================
void setup() {// 初始化,送出連線藍牙信號
Serial.begin(115200);
ur1.begin(9600, SERIAL_8N1, RX1, TX1); //12RX 14TX
pinMode(led, OUTPUT);  pinMode(bu, OUTPUT);
pinMode(cir, INPUT);
bt.begin("vic BLE1 Key ");
delay(2000); led_bl();
Serial.println("ESP32 E2--Be to link BT!");
be();// 提醒已送出連線藍牙信號
menu();// 送出測試資訊
}
//---------------------------------------------
void led_bl()//led 閃動
{
int i;
 for(i=0; i<1; i++)
  {
   digitalWrite(led, HIGH); delay(50);
   digitalWrite(led, LOW);  delay(50);
  }
}
//------------------------------------------------------------
void be()// 嗶一聲

{
int i;
 for(i=0; i<100; i++)
  {
   digitalWrite(bu, HIGH); delay(1);
   digitalWrite(bu, LOW); delay(1);
```

```
  }
 delay(100);
}
//-----------------------
void menu()// 送出測試資訊
{
 Serial.println(" RC_GooGle V1.2 ==key com:");
 Serial.println(" 這是連線啟動 GOOGLE 聲控的裝置 ");
 Serial.println("123---demo 8--VC 9-- 更新 ");
 Serial.println(" 目前連線聲控指令：");
 Serial.println(" 指令，說明，我的夢，幾號，幾點，火戰車，雅尼音樂，空調，電燈 ");
}
//-----------------------------------------
void loop()// 主程式
{
int i,c;
while(1){
// 掃描是否出現紅外線信號
   no_ir=1;   ir_ins(cir);
   if(no_ir==1) goto loop;
// 發現紅外線信號
   led_bl();   rev();
   for(i=0; i<4; i++)
    { c=(int)com[i];  Serial.print(c);  Serial.print(' ');      }
   Serial.println();// delay(100);
   fkey=0;
   if(com[2]==D1) {key=1; fkey=1;be(); led_bl();    }
   if(com[2]==D2) {key=2; fkey=1;be(); led_bl();    }
   if(com[2]==D3) {key=3; fkey=1;be(); led_bl();    }
   if(com[2]==D4 ){key=4; fkey=1;be(); led_bl();    }
   if(com[2]==D5) {key=5; fkey=1;be(); led_bl();    }
   if(com[2]==D6) {key=6; fkey=1;be(); led_bl();    }
   if(com[2]==D7) {key=7; fkey=1;be(); led_bl();    }
   if(com[2]==D8) {key=8; fkey=1;be(); led_bl();    }
   if(com[2]==D9) {key=9; fkey=1;be(); led_bl();    }
   if(com[2]==D0) {key=0; fkey=1;be(); led_bl();    }
// 主程式迴圈 -----------------------------------------------------
loop:
if(bt.available()) // 藍牙有指令傳入
 {
  btc=bt.read();// 讀取指令
//=====================================================
```

```
 if(btc==1) {  // 指令 c1== 輸出語音或是控制指令
  if(fans==1) { bt.print(echo); fans=0; }
// 遙控啟動 測試 ========================
 if(fkey==1) {   fkey=0;
  if(key==8) bt.print("GVC 啟動聲控 ");
  if(key==2){  bt.print("SAY= 電燈 ");  op(2);  led_bl();  }
        }// 遙控啟動 ==============
 if ( Serial.available() > 0 ) {
     c=Serial.read(); led_bl();
     if(c=='1') bt.print("SAY=1 您好，這是遙控 GOOGLE");
     if(c=='8') bt.print("GVC 啟動聲控 ");          }
 // 觸控啟動
 if(touchRead(tp)<=10) {
     delay(100);
     if(touchRead(tp)<=10){// 再次確認觸控啟動
     digitalWrite(led,1); delay(200);  led_bl(); // 送出指令啟動聲控
     bt.print("GVC 啟動聲控 ");Serial.print("vc...");} /* 再次確認觸控啟動 */ }
  }//C1 Xcom========================

if(btc==2){
    fans=0; ans=bt.readString();// 讀取答案
    Serial.print(">");Serial.println(ans);// 電腦顯示聲控結果
    if (ans.indexOf("LED")>=0) {led_bl(); led_bl();led_bl();
        fans=1; echo="SAY= LED 閃動       "; }
    if (ans.indexOf(" 溫度 ")>=0)  { delay(1000); /*red temp */
        fans=1; echo="SAY= 溫度 23 度 C      "; }

    if (ans.indexOf(" 說明 ")>=0)   { delay(1000);
        fans=1; echo="SAY= 這是連線啟動 GOOGLE 聲控的裝置，可以 ESP32 設計聲控指令
及應用   "; }
    if (ans.indexOf(" 指令 ")>=0)   { delay(1000);
        fans=1; echo="SAY= 目前聲控指令，説明，介紹一下，聲控指令，我的夢，幾號，
幾點   "; }
    if (ans.indexOf(" 我的夢 ")>=0)   { delay(1000);
        fans=1; echo="https://www.youtube.com/watch?v=-gK7cBseKyM"; }
  //----------- 自行設計 ------------------------
    if (ans.indexOf(" 空調 ")>=0) { delay(1000);
op(0); led_bl();  delay(1000); op(1); led_bl();
        fans=1; echo="SAY= 空調設定   "; }
    if (ans.indexOf(" 電燈 ")>=0) { delay(1000);
op(2); led_bl();
        fans=1; echo="SAY= 電燈設定   "; }
```

```
//===========================================
  }//C2 com
}//ur1 BT
}//loop
//-----------------------------------------
void op(int d)// 送出發射指令
{
 ur1.print('T');   led_bl();
 ur1.write('0'+d); led_bl();
}
```

手機 LINE 通知

L INE 相關服務在台灣已經許多年了，由於通話免費，已經成為大家習慣的通訊軟體，取代手機很多的應用，若可以經由 WiFi 的通訊環境操作，與 ESP32 模組連結，可以做控制上面的訊息連線通知應用。本章介紹這樣子的實驗裝置，按鍵後會發送出 LINE 的通知。

18-1 設計理念

這幾年來一直用 LINE 取代教學、課程諮詢，尤其是疫情期間，更顯得 LINE 工具的重要，在台灣使用率相當普及。手機 LINE 加值應用可以結合生活與工作，整理一下至少有以下優點：

- 手機免費通話。
- 聲控輸入隨時記錄靈感。
- 當作檔案存取平台。
- 教學服務、檔案傳送。
- 用 LINE 做工作上面的討論。
- 記事本的工作項目。
- 包括工作進度管控與追蹤。

在 WIN10 上安裝 LINE 軟體，就可以做手機與電腦間的資料交換，非常方便我們工作與教學應用。在外頭等待、工作之餘，一有靈感都可以用語音聲控輸入轉為文字隨時記錄，回家後再慢慢整理出來，成為重要的心得筆記。在家中可以一口氣語音輸入大量文章，做文字記錄與創作等應用。

在 ESP32 專案實驗中，經過串接相關的程式庫，就可以做控制上面的連線應用。本章介紹這樣子的實驗裝置，按鍵後會經由 ESP32 發送出 LINE 的通知，也可以遙控操作，做緊急事件通知。ESP32 裝置放置於室內或家中，當外出時可以將相關訊息傳送到隨身攜帶的手機 LINE 上，可以接收訊息做後續處理。

18-2　系統組成

整個系統由以下幾部分組成：

- **WiFi 連線網路**：ESP32 搭載 LINE 程式庫，可以與手機 LINE 連線。
- **Arduino ESP32 系統**：執行控制程式，需要 WiFi 連線。
- **Android 手機**：觀看 LINE 的接收訊息。
- **按鍵測試**：按下後傳送測試連線功能。
- **遙控器**：可以遙控傳送 LINE 訊息。

若測試成功後，可以整理成技術資料，後續加入需要 LINE 通訊應用的場合。硬體也可以做成單獨技術模組，可以做較複雜系統的功能整合。

測試功能

專題基本功能如下：

- ESP32 經由 WiFi 連線網路，傳送 LINE 通知訊息。
- 以按鍵測試連線功能。
- 以遙控器按鍵測試連線功能。
- 做成單獨模組由其他控制器直接控制，由外部連接啟動。

經過實驗後測試系統適合近端、遠端觸發，可以以遙控器啟動手機連線功能，搭載必要場合，可以應用於緊急連線。搭載進階功能串接，擴充各種外部介面，做系統整合應用。

本章先介紹測試實驗相關過程，重點如下：

- 下載 LINE Notify 函式庫。
- 登入 LINE Notify 取得權杖（token）。

■ 取得 LINE 發行權杖。

■ 編輯權杖到程式中。

■ 測試程式傳送 LINE 通知。

登入 LINE Notify 取得權杖（token）資料在程式中需用到。前往 LINE 官網 LINE Notify 個人頁面，使用自己的 LINE 帳號登入。登入後選擇「個人頁面」，點選「發行權杖」，設定權杖名稱，選擇要一對一接收，或是讓群組也可以接收通知。

權杖是一組識別資料串，用來作為身分驗證，讓電腦系統的使用者，可以存取系統資源。通常是以一連串特殊字串所組成，直接複製貼上到程式中使用。申請時所輸入自己權杖名稱中，當訊息送出後，相關名稱會顯示出來。

系統程式執行前需要先安裝程式庫，在 Arduino 功能表中點選，工具 / 管理程式庫。在搜尋框輸入「LineNotify」，出現相關程式庫，參考圖 18-1，第一次使用，請先安裝。

圖 18-1　安裝 LineNotify 函式庫

圖 18-2　登入 LINE Notify 個人頁面

（https://notify-bot.line.me/zh_TW/）

圖 18-3　執行發行權杖

圖 18-4　填寫權杖名稱

圖 18-5　輸入自己權杖名稱

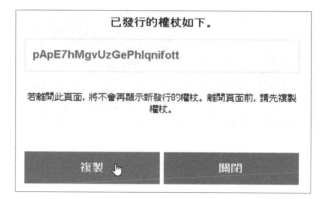

圖 18-6　顯示權杖資料

圖 18-7　LINE 通知已申請成功

電路設計

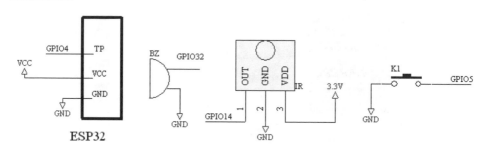

圖 18-8　實驗電路

控制電路分為以下幾部分：

■ **按鍵**：測試功能，連到 GPIO5。

■ **壓電喇叭**：聲響警示，連到 GPIO32。

■ **遙控器接收模組**：接收遙控器信號，由腳位 GPIO14 輸入。

當電源加入時，壓電喇叭會發出嗶聲做簡單測試功能。

18-3　ESP32 控制程式

基礎控制程式為 ESP_LINE.ino，RESET 後自動發送訊息到手機端，測試正常後，再加上按鍵及遙控功能，做後續的應用。可以做緊急通知事件處理，可以按下遙控器啟動測試，圖 18-9 為測試結果，也可以使用串列介面來監控執行結果。

圖 18-9　手機端測試結果

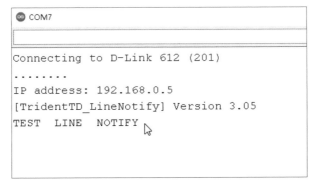

圖 18-10　系統監控執行結果

使用者測試實驗程式時，需改成自己相關資料：

```
const char *ssid = "****"; // 網路名稱
const char *pass = "****"; // 網路密碼
#define LINE_TOKEN "****" // 權杖資料
```

📟 程式 ESP_LINE.ino

```
#include <WiFi.h> // 載入 WIFI 程式庫
#include <WiFiClient.h>
#include <TridentTD_LineNotify.h>
const char *ssid = "****"; // 網路名稱
const char *pass = "****"; // 網路密碼
#define LINE_TOKEN "****"// 自己權杖資料
void setup() {
  //Serial.begin(115200);
  Serial.begin(9600);  WiFi.mode(WIFI_STA);
  WiFi.begin(ssid, pass);  Serial.print("Connecting to ");
  Serial.println(ssid);
  while (WiFi.status() != WL_CONNECTED)
  { // 當網路連線不成功,則等待
    delay(500);   Serial.print(".");  }
  Serial.print("\nIP address: ");  Serial.println(WiFi.localIP());
// 顯示 Line 版本
Serial.println(LINE.getVersion());
LINE.setToken(LINE_TOKEN);
LINE.notify("\n TEST LINE NOTIFY----");
Serial.println("TEST  LINE  NOTIFY");
}
void loop() {}
```

當基本功能測試完成後，我們就可以把它做成單獨的模組，方便後面系統整合用，提供 3 種觸發方式：

■ **按鍵觸發**：單機執行測試。

■ **外部信號觸發**：控制器產生信號輸入。

■ **遙控信號觸發**：較遠端遙控驅動。

　　前兩項設計方式都可以用傳統低電位觸發，然後啟動傳送訊息。第三項就是使用我們手上遙控器的解碼功能，按下遙控器數字 1，接收到解碼值後啟動傳送訊息，控制器只要送出紅外線遙控器相容信號，這樣就可以實現系統整合。

程式 ESP_LINE_RC.ino

```
#include <rc95a.h> // 引用紅外線遙控器解碼程式庫
// 遙控器解碼值
#define D1 12
#include <WiFi.h> // 載入 WIFI 程式庫
#include <WiFiClient.h>
#include <TridentTD_LineNotify.h>
const char *ssid = "****"; // 網路名稱
const char *pass = "****"; // 網路密碼
#define LINE_TOKEN "****"// 自己權杖資料
int bu=32;// 壓電喇叭
int led=2;//LED 指示
int k1=5;// 按鍵測試
int cir=14; // 設定紅外線遙控器解碼控制腳位
void setup() {
  //Serial.begin(115200);
  pinMode(cir, INPUT);
  pinMode(led, OUTPUT);  pinMode(bu, OUTPUT);
  pinMode(k1,INPUT_PULLUP);
  Serial.begin(9600);  WiFi.mode(WIFI_STA);
  WiFi.begin(ssid, pass);  Serial.print("Connecting to ");
  Serial.println(ssid);
  while (WiFi.status() != WL_CONNECTED)
  { // 當網路連線不成功，則等待
    delay(500);    Serial.print(".");  }
  Serial.print("\nIP address: ");  Serial.println(WiFi.localIP());
// 顯示 Line 版本
Serial.println(LINE.getVersion());
LINE.setToken(LINE_TOKEN); LINE.notify("\n TEST LINE NOTIFY--- begin");
Serial.println("TEST  LINE  NOTIFY  begin…."); be(); led_bl();
}
//-------------------------------------------
void led_bl()//led 閃動
{
int i;
```

```
 for(i=0; i<1; i++)
  {
   digitalWrite(led, HIGH);  delay(50);
   digitalWrite(led, LOW);   delay(50);
  }
}
//------------------------------------------------------------
void be()// 嗶一聲
{
int i;
 for(i=0; i<100; i++)
  {
   digitalWrite(bu, HIGH); delay(1);
   digitalWrite(bu, LOW); delay(1);
  }
 delay(100);
}
//-------------------------------
void loop()
{int i,c;
loop:
// 按鍵按下，啟動傳送訊息
if(digitalRead(k1)==0) {
  delay(1000); be(); led_bl();
  LINE.setToken(LINE_TOKEN);
  LINE.notify("\nTEST LINE NOTIFY---key test"); }
// 掃描是否出現紅外線信號
   no_ir=1;   ir_ins(cir);
   if(no_ir==1) goto loop;
// 發現紅外線信號
   led_bl();   rev();
   for(i=0; i<4; i++)
    { c=(int)com[i];  Serial.print(c);  Serial.print(' ');     }
   Serial.println();// delay(100);
   // 按下遙控器數字 1，啟動傳送訊息
  if(com[2]==D1) {
  delay(1000); be(); led_bl();
  LINE.setToken(LINE_TOKEN);
  LINE.notify("\nTEST LINE NOTIFY---rc37 dig 1 test");     }
}
```

ESP32 空城機

當全家人外出旅遊多日，最怕宵小闖空門，簡單家中守護機，會是不錯的創意裝置，晚上天黑自動亮燈、定時隨機發出聲音、發出語音、音樂聲，使在屋外人看來覺得家中有人，當然錄音狗叫聲，絕對是最佳的防盜器，也可以遙控啟動，信號觸發，會自動發送 LINE 通知到手機，本章介紹這樣子的實驗裝置。

19-1　設計理念

現在 Arduino DIY 的裝置很普及，有這麼多模組可以使用，想要裝台簡易防盜器並不困難，若要有語音互動功能，使用舊手機，搭載 RGOO 系統，將可以降低硬體製作成本及相關程式設計複雜度。

善用手機資源，就可以依自己的需要，組合出適合的控制器，來當作簡單的防盜器。當我們外出的時候，假裝設定一個好像有人在家的狀態，然後可以產生一些嚇阻的效果，這個裝置如何有效製作出來，將是本章介紹重點。主要是利用 RGOO 易改程式功能，結合手機語音互動功能，可以結合手機內建機制來實現有趣的防盜裝置。

ESP32 需用藍牙連線手機才能運作，啟動後 WiFi 失效，無法執行 LINE 通知功能，但是可以做技術串接，來實現防盜器連線通知功能，可以串接上一章介紹的 LINE 通知技術模組，可以遙控器介面發射信號，驗證多控制器分散式連線功能。

19-2　系統組成

系統由以下幾部分組成：

■ **Arduino ESP32 系統**：設計自己的控制器。

■ **Android 手機**：搭載 RGOO 系統做語音互動，同時監控 LINE 訊息。

- **光電阻感知器**：天黑偵測。

- **全彩 LED 燈**：照明顯示用。

- **遙控接收模組**：可以設定或是遙控測試功能。

- 可以依需要增加信號觸發，會自動發送 LINE 通知到手機。

- 須另外一組 ESP32 自動發送 LINE 信號。

　　ESP32 內建藍牙裝置，可以直接連結與 Android 手機建立連線，搭載 RGOO 系統程式，只要有基礎操作能力，修改一下 C 程式，就可以建立以手機為基礎的語音聲控互動應用系統，實現空城機設計。但是藍牙功能啟動後，WiFi 則失效，須另外一組 ESP32 自動發送 LINE 信號，2 組 ESP32 模組以紅外線介面連線。若要 LINE 外出可收到通知，需要將 RGOO 系統程式，安裝於舊機，隨身手機可以隨時外出，同時監控 LINE 訊息。

[專題功能]

專題基本功能如下：

- 以 ESP32 搭載手機當作控制平台，可聲控設定。

- 利用 RGOO 系統設計。

- 聲控啟動及測試功能。

- 可輸出語音、音效訊息。

- 可按鍵、遙控啟動、LINE 連線輸出訊息。

- 按下遙控器後，可以自動播放音樂。

- 在 ESP32 系統 C 程式中，可自建聲控功能。

- 天黑偵測：點亮全彩 LED 燈、照明顯示、音效、語音輸出。

　　在專題中用一組 ESP32 藍牙連線手機，啟動手機聲控及互動功能。手機聲控後，説出、顯示聲控結果，回傳聲控結果到 ESP32 控制模組。若聲控結果出現在資料庫中，則執行動作。若是按下按鍵自動發出警報聲，發射出紅外線相容信號按鍵 1，啟動另外一組 ESP32 模組，接收紅外線信號，連線 WiFi，啟動發出 LINE 通知訊息。測試按鍵在實際應用時，可以改為磁簧開關安裝於門窗處，用來偵測有人闖入，啟動通知系統，手機程式，可以直接使用 RG00 引擎，完全無須修改做控制實驗。想新增加功能，可以先用 C 程式做修正測試，若無法達成，才修改積木程式，想了解積木程式，可以參考最後章節解說。

執行結果

圖 19-1 是實作執行畫面照相，手機的安裝程式 APK 檔，需要先安裝在手機上，才能執行，可以由串列介面監控聲控執行結果。

圖 19-1　手機執行畫面

圖 19-2　空城機狗叫聲連結點

電路設計

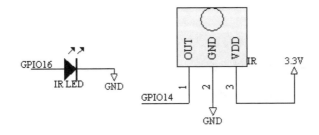

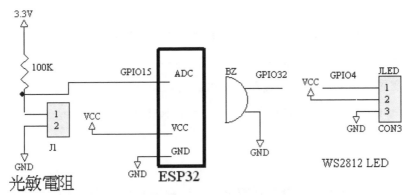

圖 **19-3** 光敏電阻實驗電路

利用光敏電阻偵測或是模擬天黑，即時顯示轉換的數位變化值，天黑時自動點亮 LED 燈。若要 LINE 通知，則發射出紅外線相容信號按鍵 1，驅動上一章介紹的 ESP32 模組，接收紅外線信號，連線 WiFi，啟動發出 LINE 通知訊息。控制電路分為以下幾部分：

- **磁簧開關**：偵測門窗是否被打開，連到 GPIO5，實驗時用按鍵模擬即可。
- **光阻感知器**：GPIO15 輸入 ADC0。
- **壓電喇叭**：聲響警示，連到 GPIO32。
- **LED 燈顯示**：使用 WS2812 全彩 LED 燈條，連到 GPIO4。
- **遙控接收模組**：接收遙控信號，連到 GPIO14。
- **紅外線發射 LED**：發射紅外線信號，連到 GPIO16。

當電源加入時，壓電喇叭會發出嗶聲做簡單測試功能。

19-3　ESP32 程式設計

在系統中，使用紅外線發射 LED 功能，發射 RC37 相容信號，驅動 LINE 控制模組啟動 LINE 通知功能。只需連接一只遙控器發射 LED，可以驗證遙控器介面發射信號，驗證多控制器分散式連線功能。程式中需先載入紅外線程式庫。

```
#include <IRremoteESP8266.h>// 載入紅外線程式庫
```

詳細原理說明，請參考《ESP32 物聯網實作入門與專題應用》一書第 9 章，紅外線遙控器實驗。其中使用程式庫需先下載，才能進行功能驗證。遙控器應用相當普遍，有關解碼及編碼發射信號的控制問題，Arduino 官網已經有提供 ESP8266、ESP32 程式庫供使用，檔名為 IRremoteESP8266-2.8.4. zip，相關資料參考：https://www.arduino.cc/reference/en/libraries/irremoteesp8266/。

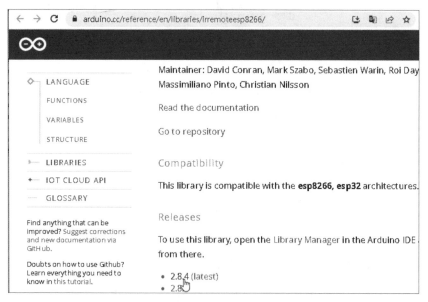

圖 19-4　官網提供遙控器 ESP8266、ESP32 驅動程式庫

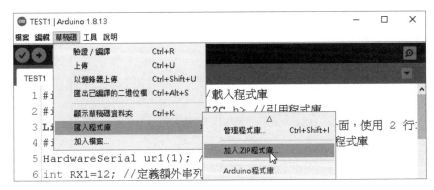

圖 **19-5**　加入程式庫中

載入程式庫後，可以經由副程式 tx_rc37()，發射 RC37 數字 1 相容信號出去。

```
void tx_rc37(int d){
uint16_t dir;
switch (d)//設定按鍵數字1-4對應編碼值
    {
     case 1: dir=0xFF30CF; break;
     case 2: dir=0xFF18E7; break;
     case 3: dir=0xFF7A85; break;
     case 4: dir=0xFF10EF; break;
     default: break;
    }
irsend.sendNEC(dir);
}
```

　　實驗系統中，用到 WS2812 全彩 LED 燈來做天黑夜間自動亮燈功能設計，
ESP32 程式整合前，先安裝全彩 LED 燈程式庫才能做後續實驗，在 Arduino 功能表
中，點選草稿碼 / 匯入程式庫 / 管理程式庫。搜尋框中輸入「Adafruit NeoPixel」，
出現相關程式庫，選擇「Adafruit NeoPixel」，執行「安裝」。

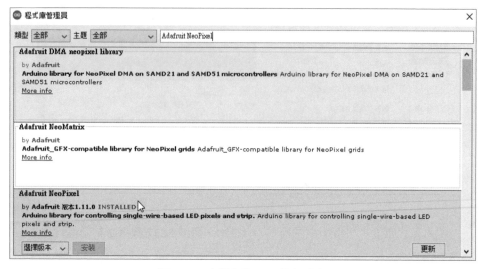

圖 19-6　安裝全彩 LED 燈程式庫

相關程式設計如下：

```
#include <Adafruit_NeoPixel.h>
#define NLED 8 //8 燈設定
int PIN=4; // 腳位設定
Adafruit_NeoPixel pix(NLED, PIN, NEO_GRB + NEO_KHZ800);
// 彩燈顏色定義
#define white  0
#define red    1
#define green  2
#define blue   3
#define din    4
#define pur    5
#define yel    6
#define gray   7

uint32_t set_color(char c) // 設定彩燈顏色
{
uint32_t co;
 switch(c)
  {
   case white: co=pix.Color(255,255,255); break;
   case red:   co=pix.Color(255,0,0);     break;
```

```
  case green: co=pix.Color(0,255,0);      break;
  case blue : co=pix.Color(0,0,255);      break;
  case din  : co=pix.Color(0,255,255);    break;
  case pur  : co=pix.Color(128,0,128);    break;
  case yel  : co=pix.Color(255,255,0);    break;
  case gray : co=pix.Color(128,128,128);  break;
  default:  break;
 }
 return co;
}
//---------------------
void led_off()//LED 熄滅
{
for(int i=0; i<NLED; i++)
 { pix.setPixelColor(i,pix.Color(0, 0, 0));  pix.show();  delay(10);  }
}
//---------------------
void led_on() // 亮白光
{
  for(int i=0; i<NLED; i++)
   {pix.setPixelColor(i,set_color(white));
    pix.show();  delay(10);  }
}
```

遙控器功能如下：

■ **按鍵 1**：直接啟動 LINE 通知發送訊息。由另外一組 ESP32 LINE 發送模組接收遙控器信號後執行，空城機收到後只輸出語音。

■ **按鍵 2**：發送相容信號驅動 LINE 模組。

■ **按鍵 3**：播放音效、亮燈測試。

■ **按鍵 4**：播放狗叫聲。

■ **按鍵 5**：播放語音對話。

■ **按鍵 8**：啟動聲控。

■ **按鍵 0**：關閉系統。

■ **按鍵 9**：啟動系統。

至此已經建構組成空城機的控制單元，如燈光控制、天黑偵測功能、遙控操作，使用者可以依需要而自行加入相關功能組合。

程式 ERG_0HOME.INO

```
#include <Arduino.h>// 引用 Arduino 宣告檔
#include <IRremoteESP8266.h>// 載入紅外線程式庫
#include <IRrecv.h>// 載入紅外線接收程式庫
#include <IRutils.h>// 載入紅外線公用程式庫
#include <IRsend.h>// 載入紅外線發射程式庫
uint16_t ir_tx  =16; // 設定紅外線發射腳位
IRsend irsend(ir_tx); // 紅外線發射函數宣告
#include <BluetoothSerial.h>// 載入藍牙功能
BluetoothSerial bt;// 宣告藍牙物件
#include <rc95a.h> // 引用紅外線遙控器解碼程式庫
#include <Adafruit_NeoPixel.h>
#define NLED 8
int PIN=4;
Adafruit_NeoPixel pix(NLED, PIN, NEO_GRB + NEO_KHZ800);
// 彩燈顏色定義
#define white   0
#define red     1
#define green   2
#define blue    3
#define din     4
#define pur     5
#define yel     6
#define gray    7

// 遙控器解碼值
#define D0 22
#define D1 12
#define D2 24
#define D3 94
#define D4 8
#define D5 28
#define D6 90
#define D7 66
#define D8 82
#define D9 74
int cir=14; // 設定紅外線遙控器解碼控制腳位
int bu=32;// 壓電喇叭
int led=2;//LED 指示
int k1=5;// 按鍵測試
```

```
int ad=15; // 設定類比輸入接腳為 GPIO15
int adc; // 設定類比輸入變數
//----------------------------
String ans,echo; // 聲控結果及回應內容
bool fans;// 旗號已取得聲控結果
bool run=0;// 啟動空城機
char btc;// 接收資料
bool fkey; // 旗號已取得按鍵值
char key; // 按鍵值
String ef[]=// 網路 3 段音效連結點
{"https://taira-komori.jpn.org/sound_os2/game01/button01a.mp3",
"https://taira-komori.jpn.org/sound_os2/game01/coin04.mp3",
"https://taira-komori.jpn.org/sound_os2/animals01/dog1a.mp3"};
void setup() {// 初始化，送出連線藍牙信號
Serial.begin(115200);
pinMode(k1,INPUT_PULLUP);
pinMode(led, OUTPUT);  pinMode(bu, OUTPUT);
pinMode(cir, INPUT);
bt.begin("vic BLE1 Key ");
delay(2000); led_bl();
Serial.println("ESP32 RGOO--Be to link BT!");
be(); irsend.begin(); // 啟動紅外線傳送功能
pix.begin();    //pix.clear();
led_on(); delay(500); led_off();
}
//----------------------------------------
void led_bl()//led 閃動
{
int i;
 for(i=0; i<1; i++)
  {digitalWrite(led, HIGH); delay(50);
   digitalWrite(led, LOW);  delay(50);  }
}
//----------------------------------
void be()// 嗶一聲
{
int i;
 for(i=0; i<100; i++)
  {digitalWrite(bu, HIGH); delay(1);
   digitalWrite(bu, LOW); delay(1);  } delay(100);
}
//-------------------------------
void loop()// 主程式
{
int i,c;
while(1){
```

```
// 掃描是否出現紅外線信號
  no_ir=1;   ir_ins(cir);
  if(no_ir==1) goto loop;
// 發現紅外線信號
  led_bl();   rev();
  for(i=0; i<4; i++)
   { c=(int)com[i];  Serial.print(c);  Serial.print(' ');     }
  Serial.println();// delay(100);
  fkey=0;
  if(com[2]==D1) {key=1; fkey=1;be(); led_bl();   }
  if(com[2]==D2) {key=2; fkey=1;be(); led_bl();   }
  if(com[2]==D3) {key=3; fkey=1;be(); led_bl();   }
  if(com[2]==D4 ){key=4; fkey=1;be(); led_bl();   }
  if(com[2]==D5) {key=5; fkey=1;be(); led_bl();   }
  if(com[2]==D6) {key=6; fkey=1;be(); led_bl();   }
  if(com[2]==D7) {key=7; fkey=1;be(); led_bl();   }
  if(com[2]==D8) {key=8; fkey=1;be(); led_bl();   }
  if(com[2]==D9) {key=9; fkey=1;be(); led_bl();   }
  if(com[2]==D0) {key=0; fkey=1;be(); led_bl();   }
// 主程式迴圈 -----------------------------------------------------------
loop:
//key or SW low trig ….xlrm
if(digitalRead(k1)==0)
{led_bl(); led_bl();
 led_on(); delay(500); led_off(); line_op(); run=0;    }

if(bt.available()) // 藍牙有指令傳入
 {
  btc=bt.read();// 讀取指令
//============================
if(btc==1) { // 指令 c1== 輸出語音
  if(fans==1) { bt.print(echo); fans=0; }
if(run==1) {adc=analogRead(ad); // 讀取類比輸入
      //bt.print(adc); led_bl();
      runp();//*****TRIG -----
// 模擬天黑時，轉換數值 >2000 點亮 LED，平時一般照明 1200
// 依需要而調整測試程式
//if(adc>2000)  digitalWrite(led, HIGH); else digitalWrite(led, LOW);
//if(adc>2000)  runp();
      }
// 遙控啟動 測試 =========================
  if(fkey==1) { fkey=0;
  if(key==1){bt.print("SAY=LINE TEST ");  be();}
  if(key==2){bt.print(ef[0]);  be();line_op();}
  if(key==3){bt.print(ef[1]);  be(); led_on(); delay(500); led_off();}
  if(key==4){bt.print(ef[2]);  be();}
```

```
   if(key==5){bt.print("SAY= 晚上幾點回來、7 點回來   ");  be();}
   if(key==8) bt.print("GVC 啟動聲控 ");
   if(key==9){run=1; bt.print("SAY= 系統啟動 ");}
   if(key==0){run=0; bt.print("SAY= 系統關閉 ");}
        }// 遙控啟動 ==============
  if ( Serial.available() > 0) {
      c=Serial.read(); led_bl();
      if(c=='1') bt.print("SAY=1 您好，這是遙控 GOOGLE");
      if(c=='8') bt.print("GVC 啟動聲控 ");          }
// 觸控啟動
     }//C1 Xcom=======================
if(btc==2){
   fans=0; ans=bt.readString();// 讀取答案
   Serial.print(">");Serial.println(ans);// 電腦顯示聲控結果
   if (ans.indexOf("LED")>=0) {led_bl(); led_bl();led_bl();
      fans=1; echo="SAY= LED 閃動 "; }
//-----------------------------------
  if (ans.indexOf(" 啟動 ")>=0) { delay(1000);run=1; be(); be(); fans=1;
echo="SAY= 系統啟動   "; }
  if (ans.indexOf(" 關閉 ")>=0) { delay(1000);run=0; be(); fans=1;
echo="SAY= 系統關閉   "; }
   }//C2 com
}//ur1
}// while 1
}//loop
// 設定按鍵數字 1-4 對應編碼值
void tx_rc37(int d)
{
uint16_t dir;
switch (d)// 按鍵輸入 1234 對應
     {
      case 1: dir=0xFF30CF; break;
      case 2: dir=0xFF18E7; break;
      case 3: dir=0xFF7A85; break;
      case 4: dir=0xFF10EF; break;
      default: break;
     }
irsend.sendNEC(dir);
}
//---------------------
uint32_t set_color(char c) // 設定彩燈顏色
{
uint32_t co;
 switch(c)
  {
   case white: co=pix.Color(255,255,255); break;
```

```
    case red:    co=pix.Color(255,0,0);        break;
    case green:  co=pix.Color(0,255,0);        break;
    case blue :  co=pix.Color(0,0,255);        break;
    case din  :  co=pix.Color(0,255,255);      break;
    case pur  :  co=pix.Color(128,0,128);      break;
    case yel  :  co=pix.Color(255,255,0);      break;
    case gray :  co=pix.Color(128,128,128);    break;
    default:  break;
  }
  return co;
}
//----------------------
void led_off()//LED 熄滅
{
for(int i=0; i<NLED; i++)
 { pix.setPixelColor(i,pix.Color(0, 0, 0));  pix.show();  delay(10);   }
}
//----------------------
void led_on() //LED 亮白燈
 {
  for(int i=0; i<NLED; i++)
   {pix.setPixelColor(i,set_color(white));
    pix.show();  delay(10);   }
}
//------------------------
void line_op()// 發送遙控器信號
{
led_bl(); delay(1000); be();
led_bl(); tx_rc37(1);
}
//==================
void runp() // 啟動控制程序
{
 led_on();
 bt.print(ef[1]);    delay(2000);
 bt.print(ef[2]);    delay(2000);
 bt.print("SAY= 晚上幾點回來、7 點回來   "); delay(2000);
 led_off();  delay(1000);
}
```

ESP32 居家智慧監控及通知

CHAPTER

上一章建構一組虛擬空城機裝置，防止宵小闖空門，在特殊情況下結合手機 LINE 通知，可以做緊急狀況處理，利用手機 LINE 也可以監控室內溫濕度值監控，或是依需要而做感知器擴充應用，本章介紹這樣子的實驗裝置。

20-1 設計理念

在虛擬空城機裝置實驗中，已經可以 LINE 通知訊息，應該還可以傳送感知器數據資料，將家中感知器資訊傳到手機，利用手機 LINE 的工具，容易操作、製作及使用，完成客製化智慧家居應用。

先測試傳送感知器數據資料，再依需要增加功能，先以 WiFi 單獨測試 LINE 收集資訊的功能，先傳送溫溼度資料，由手機中可以隨時觀察。系統中若需要聲控功能切換，可以搭載 RGOO 系統，存取應用相關語音互動功能。

但是啟動 RGOO 藍牙連線功能後，以現有開源程式，藍牙結合 WiFi 程式進行系統整合，產生的程式碼過大無法繼續做實驗。若要有語音互動功能，與藍牙連線，可以改用額外串列介面連接藍牙做整合，因此整體系統設計重點如下：

■ ESP32 監控溫濕度值。

■ ESP32 WiFi 傳送 LINE 感知器訊息通知。

■ 選擇適合藍牙，工作準位為 3.3V。

■ 藍牙連線，改用額外串列介面，可以連接 HC06，連線手機 RGOO 系統。

20-2　系統組成

系統由以下幾部分組成：

- **ESP32 系統**：設計自己的聲控應用及監控功能。
- **Android 手機**：搭載 RGOO 系統，做語音互動，同時監控 LINE 訊息。
- **遙控接收模組**：可以設定或是遙控測試功能。
- **溫溼度感測器**：溫溼度感測器。
- 可以依需要增加信號觸發，會自動發送 LINE 通知到手機。
- 連接 HC06 到 ESP32 額外串列介面。

以一支舊手機結合 ESP32 模組，完成可聲控、語音互動的監控系統，測試完成後，隨身攜帶新手機，就可以監控室內溫度及狀態了。使用者就可以專注在製作感知器資料測試，無須擔心手機程式設計、搭載 RGOO 系統程式，只要有基礎操作能力，修改一下 C 程式，就可以建立以手機為基礎的聲控應用系統，學程式設計的優點之一，創造生活 DIY 樂趣。

[專題功能]

專題基本功能如下：

- 以 Arduino 及手機連線當作控制平台，串接 LINE 通知功能。
- 利用 RGOO 系統設計。
- 聲控啟動系統運作。
- 可輸出語音訊息。
- 可按鍵模擬、遙控啟動 LINE 通知。
- 按下遙控器後，可以測試功能。
- 5 秒收集一次資訊，直接 LINE 連線傳送。

在測試過程中，當資料收集取樣頻率太快（小於 2 秒），溫溼度資料將不穩定。LINE 通知系統也無法即時反應，甚至於無反應，因此設定為 5 秒收集一次資訊。在 Arduino 系統 C 程式中，可以繼續擴充收集感知器訊息做 LINE 傳送。

在專題中用 Arduino 藍牙連線手機，啟動手機聲控功能。手機聲控後，說出、顯示聲控結果，回傳歌曲名稱到 Arduino UNO 控制模組。若聲控結果出現在資料庫中，則回傳歌曲名稱網路連結資訊到手機，手機收到網路連結資訊則啟動點歌。手機程式，可以直接使用 RG00 引擎，完全無須修改做控制實驗。想新增加功能，可以先用 Arduino C 程式做修正測試，若無法達成，才修改積木程式，想了解積木程式，可以參考最後章節解說。

|實驗過程|

ESP32 啟動 RGOO 藍牙連線功能後，以現有開源程式，藍牙結合 WiFi 程式進行系統整合，產生的程式碼過大，無法繼續做實驗，圖 20-1 是實作執行畫面。系統改用額外串列介面連接藍牙做整合，為求介面穩定，需選擇適合藍牙，工作準位為 3.3V，參考圖 20-2。

圖 20-1　藍牙結合 WiFi 程式進行整合產生的程式碼過大

圖 20-2　藍牙規格需選擇工作準位為 3.3V

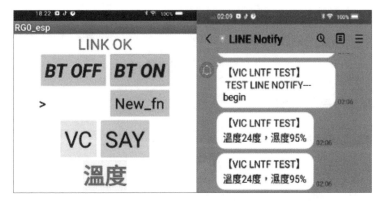

圖 20-3　手機執行畫面，LINE 持續收到溫溼度資料

電路設計

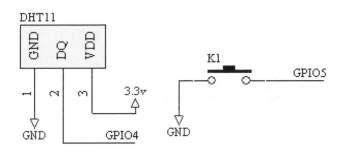

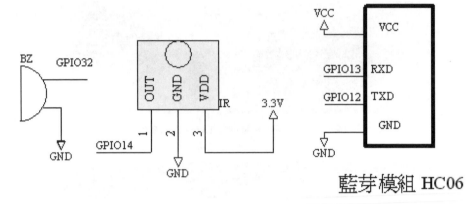

圖 20-4　實驗電路

控制電路分為以下幾部分：

■ **DHT11 溫濕度模組**：連到 GPIO4。

■ **按鍵**：測試功能，連到 GPIO5。

■ **壓電喇叭**：聲響警示，連到 GPIO32。

■ **遙控接收模組**：接收遙控信號，連到 GPIO14。

■ **藍牙模組**：連到 ESP32 實驗板與手機建立連線。

當電源加入時，壓電喇叭會發出嗶聲做簡單測試功能。

20-3　讀取溫溼度資料及通知

物聯網基礎是感知器資料顯示及監控，顯示實例例如 LED 亮，表示裝置啟動中，熄滅表示裝置關機，最常用的案例是溫度監控，可以經由 WiFi 系統串接 LINE 通知，可用 PC 或是手機做監控。

　　Arduino 常用溫度偵測實驗，使用的溫度感知器是 DHT11，圖 20-5 為實體圖，一塊模組提供溫度及濕度資料，以單一串列介面雙向控制讀取數位資料，只需一條數位控制線，便可以存取雙組資料，方便實驗進行。DHT11 規格如下：

■ **濕度範圍**：20~90%。

■ **濕度精度**：±5%。

■ **溫度範圍**：0~50℃。

■ **溫度精度**：±2℃。

■ **電源**：3~5V。

■ **存取頻率**：2 秒一次。

圖 20-5　DHT11 溫濕度模組實體

安裝程式庫

先安裝 DHT11 程式庫才能做後續實驗，在 Arduino 功能表中，點選草稿碼 /匯入程式庫 / 管理程式庫，搜尋框中輸入「dht11」，出現相關程式庫，選擇「SimpleDHT」，執行「安裝」。

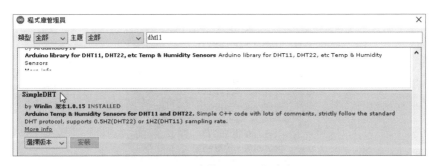

圖 20-6　安裝 DHT11 程式庫

基礎程式中用到：

- #include <SimpleDHT.h>：載入程式庫。

- int pinDHT11=4：定義腳位。

- SimpleDHT11 dht11：宣告物件。

- dht11.read(pinDHT11, &temperature, &humidity, NULL)：讀溫溼度資料。

執行後，回傳 err 值，是 SimpleDHTErrSuccess，讀取成功，否則讀取失敗。若讀取成功，temperature 表示溫度值，humidity 表示溼度值。

測試程式

測試程式寫成副程式方式，方便後面實驗程式做整合，執行後開啟監控視窗來看結果，參考圖 20-7。

```
COM7                                                    —  □  ×

                                                           傳送
Temp= 32C  |Hum= 95%
Temp= 32C  |Hum= 95%
Temp= 32C  |Hum= 95%
Temp= 32C  |Hum= 95%
Temp= 32C  |Hum= 95%
Temp= 32C  |Hum= 95%
Temp= 32C  |Hum= 95%
```

圖 20-7 串列介面監控視窗顯示溫濕度值

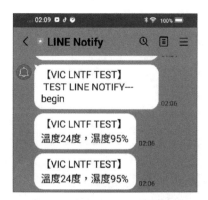

圖 20-8 LINE 持續收到溫溼度資料

程式 LTH.ino

```
#include <WiFi.h> // 載入 WIFI 程式庫
#include <WiFiClient.h>
#include <TridentTD_LineNotify.h>
const char *ssid = "****"; // 網路名稱
const char *pass = "****"; // 網路密碼
#define LINE_TOKEN "****"// 自己權杖資料
int bu=32;// 壓電喇叭
int led=2;//LED 指示
int k1=5;
unsigned long ti=0;// 系統計時變數
String str;
#include <SimpleDHT.h> // 載入程式庫
int pinDHT11=4 ;// 定義腳位
SimpleDHT11 dht11;// 宣告物件
int te, hu;// 溫溼度資料
//=================================
void setup() {// 初始化，送出連線藍牙信號
Serial.begin(115200);
WiFi.mode(WIFI_STA);
  WiFi.begin(ssid, pass);  Serial.print("Connecting to ");
  Serial.println(ssid);
  while (WiFi.status() != WL_CONNECTED)
  { // 當網路連線不成功，則等待
    delay(500);    Serial.print(".");  }
  Serial.print("\nIP address: ");  Serial.println(WiFi.localIP());
// 顯示 Line 版本
Serial.println(LINE.getVersion());
LINE.setToken(LINE_TOKEN);
LINE.notify("\n TEST LINE NOTIFY---begin");
Serial.println("TEST  LINE  NOTIFY"); be();be();
pinMode(k1,INPUT_PULLUP);
pinMode(led, OUTPUT);  pinMode(bu, OUTPUT);
led_bl(); be();
}
//----------------------------------------
void led_bl()//led 閃動
{
int i;
 for(i=0; i<1; i++)
  {digitalWrite(led, HIGH); delay(50);
   digitalWrite(led, LOW);  delay(50);  }
}
//----------------------------------
void be()// 嗶一聲
{
```

```
int i;
 for(i=0; i<100; i++)
  {digitalWrite(bu, HIGH); delay(1);
   digitalWrite(bu, LOW); delay(1);   } delay(100);
}
//-------------------------------
void loop()// 主程式
{
if(millis()-ti>=5000)
   {
    ti=millis();
    rd_th();
   }
}
//-----------------------------
int rd_th() // 取得溫溼度資料
{
    byte temperature = 0;
    byte humidity = 0;
    int err = SimpleDHTErrSuccess;
    if ((err = dht11.read(pinDHT11, &temperature, &humidity, NULL))
      !=SimpleDHTErrSuccess)
    {
      Serial.print("DHT11 failed, err=");
      Serial.println(err);delay(1000); return 0;
    }
     te=(int)temperature; hu=(int)humidity;
     Serial.print("Temp= "); Serial.print(te); Serial.print("C |");
     Serial.print("Hum= ");  Serial.print(hu); Serial.println("%  ");
     str=" 溫度 "+String(te)+" 度，濕度 "+String(hu)+"%";
     Serial.println(str);
     LINE.setToken(LINE_TOKEN); LINE.notify(str);
     return 1;
}
```

20-4 ESP32 控制程式

　　一個複雜的專案，是由許多的技術模組拆解所組成的，所以熟悉這些模組，就可以做很多不同情境的設計，其中語音互動，就可以透過 RGOO 來實現。到此已經建構了居家智慧監控實用功能，相關的軟體及硬體功能，包括：

- ESP32 監控溫濕度值。

- ESP32 LINE 資料傳送。

- RGOO 語音互動功能。

- 遙控器整合介面。

- 系統具有 WiFi 功能及藍牙連線功能。

　　一套基礎 ESP32 居家智慧監控測試系統，就是由這些模組依需要而組成，使用者可以依實際需求，增加額外的感知器監控功能，達到更好的系統設計。套入 RGOO 系統中，就可以有語音互動功能，容易做出系統軟體整合，降低整體硬體成本。

程式 ERG_HOME.INO

```
#include <WiFi.h> // 載入 WIFI 程式庫
#include <WiFiClient.h>
#include <TridentTD_LineNotify.h>
#include <BluetoothSerial.h>// 載入藍牙功能
BluetoothSerial bt;// 宣告藍牙物件
#include <HardwareSerial.h>
int bu=32;// 壓電喇叭
int led=2;//LED 指示
int k1=5;
unsigned long ti=0;// 系統計時變數
String str;
#include <SimpleDHT.h> // 載入程式庫
int pinDHT11=4 ;// 定義腳位
SimpleDHT11 dht11;// 宣告物件
int te, hu;// 溫溼度資料
char* ssid= "XXXX";//WiFi 網路名稱
char* pass= "XXXX"; //WiFi 網路密碼
#define LINE_TOKEN "****"// 自己權杖資料
HardwareSerial ur1(1); //HC06 TEST
int RX1=12;
int TX1=13;
int cir=14; // 設定紅外線遙控器解碼控制腳位
#include <rc95a.h> // 引用紅外線遙控器解碼程式庫
// 遙控器解碼值
#define D0 22
#define D1 12
```

```
#define D2 24
#define D3 94
#define D4 8
#define D5 28
#define D6 90
#define D7 66
#define D8 82
#define D9 74
String ans,echo; // 聲控結果及回應內容
bool fans;// 旗號已取得聲控結果
bool run=0;// 啟動空城機
char btc;// 接收資料
bool fkey; // 旗號已取得按鍵值
char key; // 按鍵值
String ef[]=// 網路音效連結點
{"https://taira-komori.jpn.org/sound_os2/game01/button01a.mp3",
"https://taira-komori.jpn.org/sound_os2/game01/coin04.mp3",
"https://taira-komori.jpn.org/sound_os2/game01/coin05.mp3"};
String ef_dog=
"https://taira-komori.jpn.org/sound_os2/animals01/dog_barking1.mp3";
//==================================
void setup() {// 初始化，送出連線藍牙信號
Serial.begin(115200);
url.begin(9600, SERIAL_8N1, RX1, TX1);
WiFi.mode(WIFI_STA);
  WiFi.begin(ssid, pass);  Serial.print("Connecting to ");
  Serial.println(ssid);
  while (WiFi.status() != WL_CONNECTED)
  { // 當網路連線不成功，則等待
    delay(500);  Serial.print(".");  }
  Serial.print("\nIP address: ");  Serial.println(WiFi.localIP());
// 顯示 Line 版本
Serial.println(LINE.getVersion());
LINE.setToken(LINE_TOKEN);
LINE.notify("\n TEST LINE NOTIFY---begin");
Serial.println("TEST  LINE  NOTIFY"); be();be();
pinMode(cir, INPUT);
pinMode(k1,INPUT_PULLUP);
pinMode(led, OUTPUT);  pinMode(bu, OUTPUT);
led_bl(); be();
bt.begin("vic BLE1 Key ");
}
//----------------------------------------
void led_bl()//led 閃動
{
int i;
 for(i=0; i<1; i++)
```

```
  {digitalWrite(led, HIGH); delay(50);
   digitalWrite(led, LOW);  delay(50);   }
}
//--------------------------------
void be()//嗶一聲
{
int i;
 for(i=0; i<100; i++)
  {digitalWrite(bu, HIGH); delay(1);
   digitalWrite(bu, LOW); delay(1);   } delay(100);
}
//--------------------------------
void loop()//主程式
{
int i,c;
if(millis()-ti>=5000)
    {
     ti=millis();
     rd_th();
    }
//--------------------------------
// 掃描是否出現紅外線信號
   no_ir=1;   ir_ins(cir);
   if(no_ir==1) goto loop;
// 發現紅外線信號
   led_bl();   rev();
   for(i=0; i<4; i++)
    { c=(int)com[i];  Serial.print(c);  Serial.print(' ');   }
   Serial.println();// delay(100);
   fkey=0;
   if(com[2]==D1) {key=1; fkey=1;be(); led_bl();   }
   if(com[2]==D2) {key=2; fkey=1;be(); led_bl();   }
   if(com[2]==D3) {key=3; fkey=1;be(); led_bl();   }
   if(com[2]==D4 ){key=4; fkey=1;be(); led_bl();   }
   if(com[2]==D5) {key=5; fkey=1;be(); led_bl();   }
   if(com[2]==D6) {key=6; fkey=1;be(); led_bl();   }
   if(com[2]==D7) {key=7; fkey=1;be(); led_bl();   }
   if(com[2]==D8) {key=8; fkey=1;be(); led_bl();   }
   if(com[2]==D9) {key=9; fkey=1;be(); led_bl();   }
   if(com[2]==D0) {key=0; fkey=1;be(); led_bl();   }
// 主程式迴圈 ----------------------------------------------------
loop:
if(ur1.available()) //藍牙有指令傳入
 {
  btc=ur1.read();//讀取指令
//==========================
if(btc==1) { //指令 c1== 輸出語音
```

```
    if(fans==1) { url.print(echo); fans=0; }
// 遙控啟動 測試 ========================
    if(fkey==1) {  fkey=0;
    if(key==1){url.print("SAY=LINE TEST ");  be();}
    if(key==2){url.print(ef[0]);  be();}
    if(key==3){url.print(ef[1]);  be();}
    if(key==4){url.print(ef[2]);  be();}
    if(key==5){url.print(ef[2]);  be();}
    if(key==6){url.print("SAY= 晚上幾點回來、7 點回來   ");  be();}
    if(key==8) url.print("GVC 啟動聲控 ");
        }// 遙控啟動 ==============
  if ( Serial.available() > 0 ) {
        c=Serial.read(); led_bl();
        if(c=='1') url.print("SAY=1 您好，這是遙控 GOOGLE");
        if(c=='8') url.print("GVC 啟動聲控 ");          }
    }//C1 Xcom========================
if(btc==2){
    fans=0; ans=url.readString();// 讀取答案
    Serial.print(">");Serial.println(ans);// 電腦顯示聲控結果
    if (ans.indexOf("LED")>=0) {led_bl(); led_bl();led_bl();
        fans=1; echo="SAY= LED 閃動      "; }
    if (ans.indexOf(" 溫度 ")>=0) { led_bl(); delay(1000);
        fans=1; echo=str; }
 }//C2 com
}//url
}
//----------------------------
int rd_th() // 取得溫溼度資料
{
    byte temperature = 0;
    byte humidity = 0;
    int err = SimpleDHTErrSuccess;
    if ((err = dht11.read(pinDHT11, &temperature, &humidity, NULL))
      !=SimpleDHTErrSuccess)
    {
      Serial.print("DHT11 failed, err=");
      Serial.println(err);delay(1000); return 0;
    }
    te=(int)temperature; hu=(int)humidity;
    Serial.print("Temp= "); Serial.print(te); Serial.print("C |");
    Serial.print("Hum= ");  Serial.print(hu); Serial.println("%  ");
    str=" 溫度 "+String(te)+" 度，濕度 "+String(hu)+"%";
    Serial.println(str);
    url.println(str);
// 啟動 LINE 通知
  LINE.setToken(LINE_TOKEN); LINE.notify(str);
    return 1;
}
```

21

CHAPTER

RGOO
程式積木解析

看 過遙控 GOOGLE（RGOO）專案製作後若想新增加功能，可以先用 Arduino C 程式直接做功能修改，真的無法實現再研究修改積木程式。本章針對 RGOO 程式積木做解析説明，使初學者可以進一步了解系統如何運作。

21-1　設計理念

第 1 章曾經對 RGOO 做簡單介紹及使用説明，主要概念是希望使用手機像是使用家電一樣方便使用，更可以經由 C 程式修改，成為可程式化智慧控制器。主要特點如下：

■　可以遙控器啟動 Android 手機。

■　容易設計出多元化的應用。

■　降低學習門檻。

■　可做跨平台應用。

於是我們經由過去研究遙控器的經驗，設計一組遙控器解碼程式，取出按鍵值，傳送控制指令給手機，執行對應功能，於是 RGOO 誕生了。就像是一套複雜的控制器，需要有一個小型的作業系統一樣，經由作業系統的簡單指令，可以存取到複雜控制器的核心應用功能。只需要 C 程式一行程式，就可以控制手機執行，關鍵應用，像是聲控處理，還有相關的後續應用，包括控制家電等應用。

經由簡單 C 程式控制，可以遙控器啟動 Android 手機動作，實現 RGOO 可以完成的基礎應用實驗。想探索機器人的進階應用，特別是語音互動應答，剛開始其實無須實體硬體裝置，可以先用智慧手機來做模擬實驗，於是 RGOO 就可以派上用場。例如智慧音箱、聲控點歌應用、書中呈現各式專題應用，直接用外部單晶片 C 語言來控制手機，好學易用。C 語言還有可做跨平台應用的優點。

RGOO 遙控手機是教育機器人計畫子項目之一，是以分散式控制思維來做思考。單一模組可以單獨操作，整合幾種模組，經由紅外線遙控、額外串列介面、ESP32 WiFi、藍牙介面、各種聲控整合應用，將功能做一整合規劃，實現分散式控制實驗，更多的應用實驗及程式更新參考：http://vic8051.idv.tw/pgs.htm。

21-2　系統組成

一套 RGOO 系統程式碼的積木設計，大概分為幾部分：

■ **手機工具程式**：使用 AI2 雲端工具系統。

■ **積木運作**：AI2 積木底層運作。

■ **外部 C 程式測試**：C 程式做功能測試、修改。

■ **教材應用及測試**：整合硬體支援。

■ **個別主題的設計資源**：整合的資料庫內容。

它是一套應用手機當作硬體教學資源的小型控制工具，主要控制存取語音互動部分，所以可以省下麥克風語音輸入、語音輸出的功能還有顯示器的部分，因此對使用者，初學者學程式設計、體驗課程，都可以省下很多的硬體成本，而且可以當做行動裝置的各式測試應用情境主機。

學程式設計，我們手上可用到的資源、工具有哪些？主要想存取、利用的資源是什麼？如何存取？那就由研究手機積木功能開始，經過建構式教學及學習（參考第 2 章說明），經過一系列的各種相關聯性知識探索、理解、案例參考，初學者可以很快地熟悉操作步驟、逐一建構出自己基礎的探索系統。

書中手機程式都是使用 RGOO 引擎，以積木程式來實現手機內部功能。初學者有 Arduino C 程式設計基礎，就可以自行看懂程式開始做整合實驗，可以用自己熟悉的 C 語言，存取手機資源利用，完全無須動到內部積木程式修改。只需修改 C 程式，就可以重複做很多的手機相關應用了。若無法達成相關專案，才要修改積木程式，先了解基礎積木程式組合過程，再了解這些底層運作原理，適當修正完成專案實驗。

21-3 程式積木解析

　　一台手機是多核心處理器，以高速多工運作來執行程式，外部單晶片怎麼正確的與手機做應用溝通，這就是研究主題。手機可能正忙於處理觸控螢幕的位置存取，或是藍牙的通訊資料傳輸，外部 Arduino C 程式如何經由藍牙介面做資料訊息交換。

　　最簡單的方式就是由手機主動送出控制權，在某些特殊狀況下，允許外部存取哪一部分的資源，大概就是這樣子的思考起點，開始做測試。圖 21-1 是 RGOO 手機畫面配置及資源，系統使用資源如下：

- 計時器。
- 藍牙元件。
- 語音辨識器。
- 文字語音轉換器。
- 清單選擇器。
- 標籤顯示訊息。
- 按鈕執行功能。

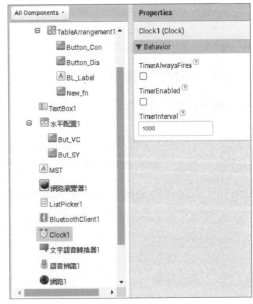

圖 21-1 手機畫面配置及資源

首先我們最想用手機存取哪一部分資源，應該是聲控功能、語音合成、顯示資料，再來考慮如何存取。可以經由藍牙連線，傳送或接收資訊交換資料。聲控功能、語音合成功能利用積木都可以完成，剩下就是如何建立資訊交換，以 ESP32 指令 bt.print() 可以傳送字串資料給手機接收，顯示出來，說出語音內容。而聲控需要取得答案，由手機端傳回到 Arduino 端來處理，ESP32 指令 bt.readString() 讀取答案，可以接收字串，在電腦端顯示出來。資訊都可以經由字串傳送來達成，將控制指令封裝到字串中，便可以達成功能。

■ 例如，ESP32 指令 `bt.print("SAY=1 您好，這是遙控 GOOGLE");` 送出指令字串，驅動手機說話。

■ 例如 `bt.print("GVC 啟動聲控 ");` 送出指令字串，驅動手機啟動聲控。

■ 例如 `bt.print("https://www.youtube.com");` 連結 YouTube 網址播放影片。

於是設計以下 3 組控制指令，以利系統運作：

- **SAY**：啟用手機說話功能。
- **GVC**：啟用手機聲控功能。
- **http**：連結網址或是其他功能執行。

在 AI2 RGOO 系統設計中，設計有計時器，固定一段時間送出狀態 1，可以接收資料字串、解析封裝、取出指令來處理，以上 3 個關鍵字對應執行功能。若是執行啟動聲控功能，接下來 Arduino 端要取得答案，於是送出狀態 2，告知已送出答案，Arduino 端要準備接收答案，進行後續處理。再來了解積木底層運作，系統組成如下：

- 藍牙模組連線。
- 系統設定。
- 手機按鍵功能。
- 副程式。
- 計時器控制動作。
- 聲控處理結果。

藍牙模組連線

積木程式設計中，最重要的是藍牙的設定，因為一支手機可能連接很多藍牙的裝置，一旦藍牙的裝置有開啟，手機都會去掃描。掃描後只要有設定他的名單，都會出現在手機名單中，但連線的時候，只有一個裝置會連上，為了方便連線，所有設定過的，都會出現在手機名單中，方便下回選取，可以做快速連線，快速手動連線。但是新的 AI2 系統不支援此功能，就用藍牙固定地址連線來設定，遇到類似問題，可以參考附錄說明。

　　藍牙模組連線設計，參考圖 21-1，當按下連線時，並且連線成功後，則顯示 "LINK OK"，否則顯示 "LINK FAIL demo"。當按下離線時，則將藍牙模組斷線，並顯示 "NO LINK demo"。

圖 21-2　藍牙連線功能設計

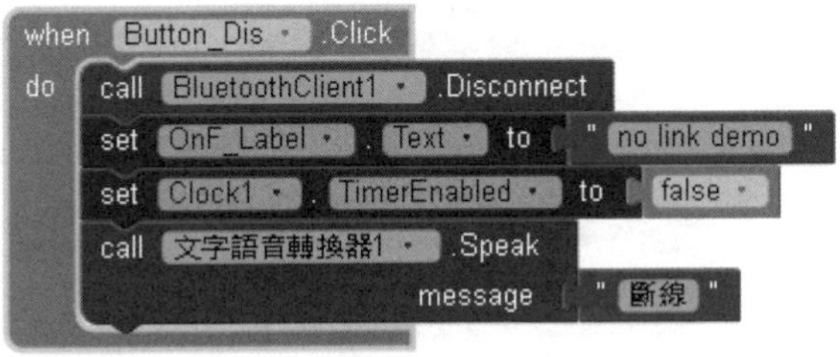

圖 21-3　藍牙斷線功能設計

系統設定

圖 21-4 是系統設定初始化設定，含以下功能：

■　計時器參數設定。

■　啟動計時器。

■　初始化相關變數。

計時器參數設定： 可設為 1000，單位毫秒，一秒鐘執行啟動一次。

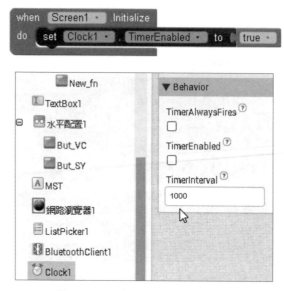

圖 21-4　設定計時器及啟動計時器

圖 21-5　初始化相關變數

手機按鍵功能

按鍵控制： 說話及聲控功能，按下後會説出時間，或是啟動聲控功能。

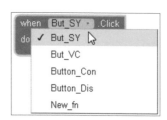

圖 21-6　按鍵控制

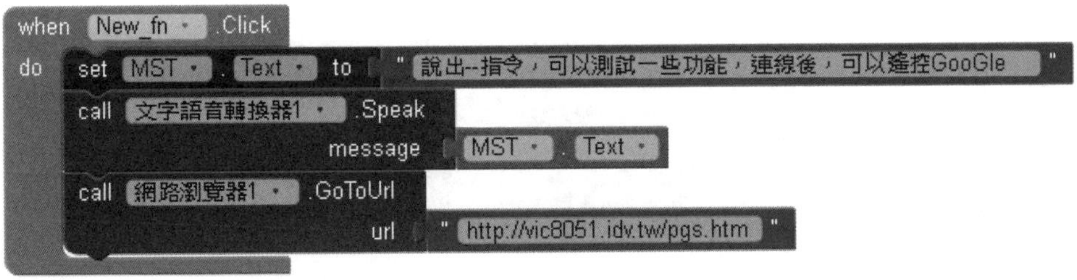

圖 21-7　提示說明及應用連結

[副程式]

副程式 sy_txt 說出 " 我可以連線 GOOGLE"，副程式 sy_menu 說出測試指令。副
程式 sy_dte 說出日期，副程式 sy_time 說出時間。

圖 21-8　說出語音副程式設計

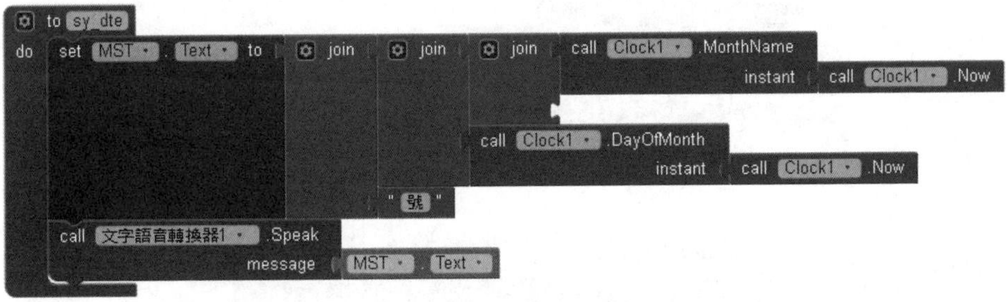

圖 21-9　說出日期副程式設計

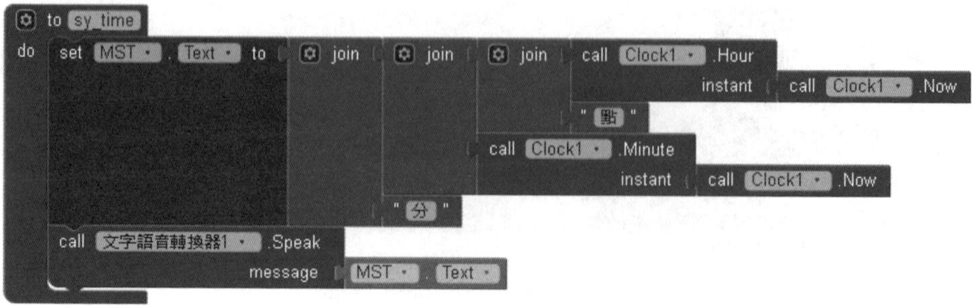

圖 21-10　說出時間副程式設計

計時器控制動作

有關計時器控制設計，參考圖 21-11 計時器控制。當計時器啟動後，若藍牙有連線則送出指令 1，然後準備接收字串訊息。所接收字串訊息存入 MST 標籤中。若 MST 字串長度大於等於 6 且含 SAY= 起頭，表示要說出語音，將第 6 字元起後端內容，做語音輸出。

若 MST 字串中含 GVC，則啟動聲控。若 MST 字串中含 http，則啟動瀏覽器。當計時器結束前，BL_Lable 標籤顯示符號 '>' 或是空白，可以做出閃動效果，表示系統連線中。在積木設計中，積木前端顯示符號 '?'，表示該積木無效，無執行任何動作，可以當作測試積木用。

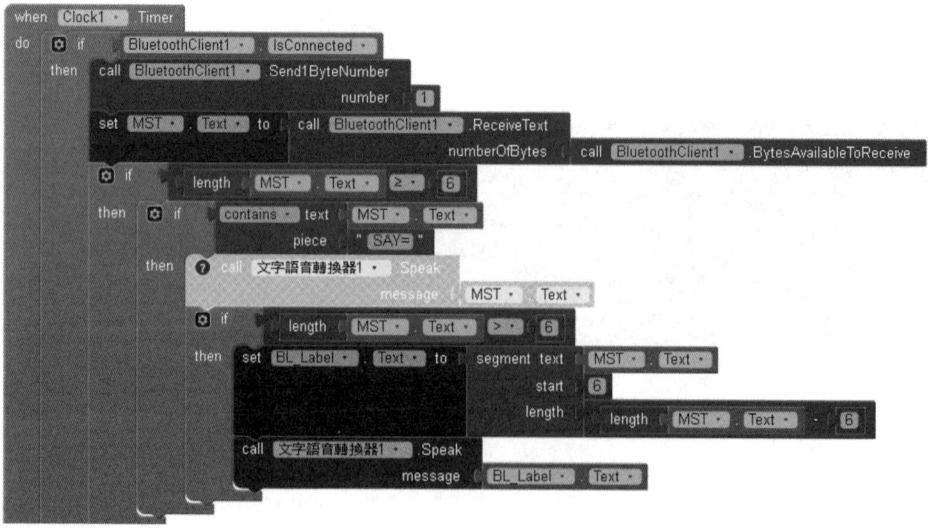

圖 21-11　計時器控制

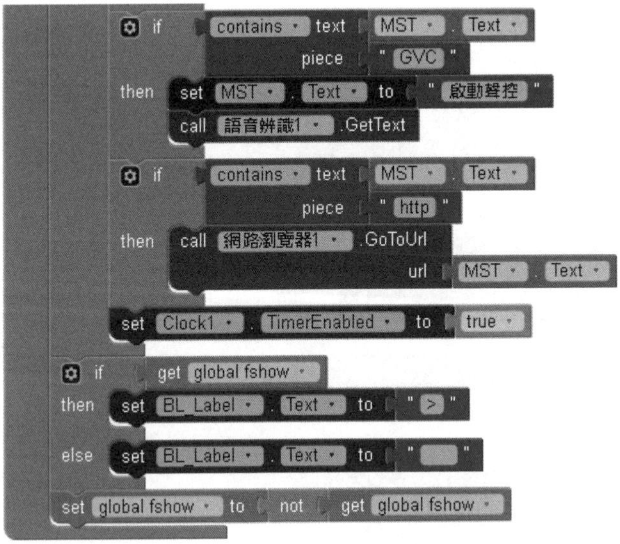

圖 21-12 （續上圖）計時器控制

聲控處理結果

圖 21-13 為聲控處理結果，執行語音辨識後，先將結果顯示於 MST 標籤區，然後說出結果。若藍牙有連線則送出指令 2，然後將結果傳送出去，再來判斷 MST 字串，執行聲控應用：

■ **幾點**：語音說出時間。

■ **幾號**：語音說出日期。

■ **我的夢**：連到 YouTube 播放該支影片。

■ **影片**：連結到 YouTube。

■ **說明**：若無連線 RGOO，執行說明程式。

■ **指令**：若無連線 RGOO，執行指令程式。

　　若有連線 RGOO，積木刻意留下空白，無執行任何動作，由使用者 C 程式來做控制。

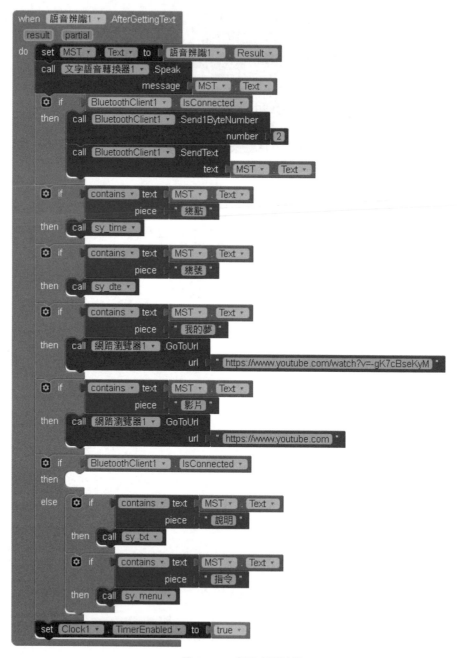

圖 21-13　聲控處理結果

附錄說明

APPENDIX

A-1　藍牙模組與手機連線修正程式

　　實驗時，以舊 APK 測試 ESP32 與手機連線就 OK，但是新的 aia 程式積木上傳要修改新功能，編譯轉為執行安裝檔，才能有新功能使用。在連線的時候，卻出現全黑，正常應該出現已經掃描、設定過的藍牙模組名單，這就是關鍵。目前系統不允許使用者存取已設定藍牙模組名單，以前可以，使用者用舊版本 BCA5A. APK 測試則正常。

　　此修正方式適用 UNO 結合 HC06，或是 ESP32 皆可以，讀者遇到類似問題，可以使用此方法來修正連線問題，繼續完成想做的新實驗功能。關鍵是：

■　最新系統不允許使用者存取已設定藍牙模組名單。

■　藍牙模組名單會有固定連線模組地址及名單。

　　關鍵是需要靠系統來產生安裝檔，就用系統提供的資源來修正，進一步探索，系統提供的資源如下：例如

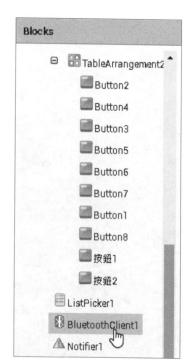

圖 A-1　點選藍牙提示的功能

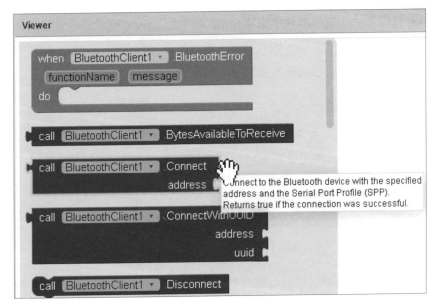

圖 A-2　用連線的相關功能提示

就用固定連線模組地址來連線，以 HC06 做例子，按下連線按鈕的連線修正
積木參考圖：

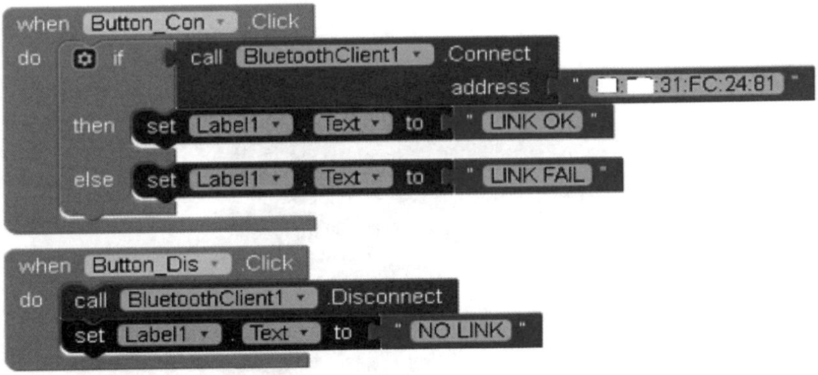

圖 A-3　連線修正積木設計

先記住連線地址 [XX:24:81]，複製到積木內容中。ESP32 也適用，完整步驟
如下：

STEP 1 實驗藍牙配對找出連線地址

使用前 ESP32 需要先通入電源，以手機做掃描及進行配對，配對的藍牙資料會出現在系統藍牙名單中。

STEP 2 顯示藍牙連線地址

安裝舊版 BCA5A. APK，可用遙控車 QR Code 掃描安裝，按連線，可以顯示藍牙資料，先記住連線地址。

STEP 3 複製連線地址到修正積木中

此步驟做一次，就可以連線了，除非更改藍牙模組，需要重新設定連線地址。

　下回遇到類似問題，就可以試看看此方法來修正連線問題，繼續增加新功能來完成新的實驗。

A-2　L51 學習型遙控模組介紹

L51 學習型遙控模組有程式碼下載功能，可以下載新版應用程式，可以支援不同平台的應用，實現應用程式碼及 Arduino/8051 C 程式無限應用下載的各種實驗。目前支援的基礎功能應用如下：

■ 支援線上學習 17 組遙控器信號，可對應家中電視機遙控器常用按鍵功能。

■ 支援 Arduino UNO/ESP32 串列控制指令。

■ 支援 App Inventor 工具，Android 手機控制應用，可控制家電應用。

先學習後發射，3 步驟線上可以立即驗證：

STEP 1 了解學習遙控器信號過程

進入學習模式後 LED 會亮起，系統等待紅外線信號進來。將要學習的遙控器靠近主機「右方」接收模組，按下該鍵，系統讀到，LED 會閃動，然後熄滅。3 秒內未讀到信號，則自動離開學習模式。

STEP 2 由遙控器設定學習

按「'+'+'0'--'9'」鍵，有壓電喇叭嗶聲提示，按「'+'」後，LED 會亮起，先由遙控器按下「'0'--'9'」鍵設定編號，接著 LED 再亮起，進入學習模式。

STEP 3 由遙控器發射

按「'0'--'9'」鍵，單鍵發射。

額外支援其他特殊功能：

■ 支援 8051 C 語言 SDK，支援自行設計遙控器學習功能。

■ 支援紅外線信號分析器展示板功能，由電腦來學習、儲存、發射信號。

■ 由電腦應用程式發射遙控器信號，控制家電等應用。

■ 遙控玩具改裝實驗。

學習型遙控模組先下載 AIR.HEX 紅外線信號分析程式，與電腦 USB 介面連線後，便可以在電腦上看到紅外線波形及數位信號，例如，射飛鏢玩具遙控器，經過分析長度為 10，可以轉碼到控制器中，發射相同信號做控制應用實驗。

相同設計原理可以應用於改裝其他遙控玩具、遙控裝置實驗，由外部控制的各式應用，可以上網查看：http://vic8051.idv.tw/XIR.htm。

加入機電連結設定，可以實現聲控家電互動功能設計：例如

■ 說出「空調」，手機辨認出「空調」。

■ UNO/ESP32 收到「空調」關鍵字。

■ UNO/ESP32 經由學習模組啟動冷氣。

■ 手機說出「空調設定」。

A-3 本書實驗所需零件及模組

本書實驗零件及模組可在拍賣網站，或是實驗室網站查詢：http://vic8051.idv.tw/exp_part.htm（含規格使用說明及團購優惠），包括：

■ L51 學習型遙控器模組（成品）。

本書實驗使用 UNO 或 ESP32 控制板，結合如下配件，開始做實驗：

■ UNO 控制板及 USB 連接線。

■ ESP32 控制板（NODE MCU）及 USB 連接線。

■ 麵包板及單心配線。

■ 實驗零件或模組。

全部實驗零件如下：

編號	名稱	規格	數量	說明
1	紅外線接收模組	38K	1	3 支腳位
2	RC37 遙控器	38K	1	21 按鍵
3	紅外線發射 LED	5mm	1	實驗用
4	車體機構	參考內文	1	套件
5	接近感知器	紅外線感應	1	相容品
6	壓電喇叭	1205	1	5V 外激式
7	七節顯示器	Tm1637	1	4 合一七節顯示器
8	溫溼度感知模組	DHT11	1	3 支腳位
9	彩燈串 LED	WS2812	1	實驗用
10	小型馬達控制板	L9110S	1	相容品
11	可變電阻	100K	1	實驗用
12	2PIN 公座	2.54	2	實驗用
13	3PIN 排針公座	2.54	2	實驗用
14	3PIN 排針母座	2.54	2	實驗用
15	電阻	1K	2	實驗用
16	LED	紅 LED	2	實驗用
17	電阻	100K	1	實驗用
18	光敏電阻	5mm	1	實驗用
19	按鍵	Taco sw	1	實驗用
20	藍牙模組	HC06	1	實驗用

Memo